图书在版编目（CIP）数据

城市儿童活动空间设计 / 陈波，管娟，金松儒主编． -- 上海：同济大学出版社，2018.8
（理想空间；80辑）
ISBN 978-7-5608-8052-5

Ⅰ．①城… Ⅱ．①陈… ②管… ③金… Ⅲ．①儿童—城市空间—建筑设计—研究 Ⅳ．① TU984.11

中国版本图书馆 CIP 数据核字（2018）第 168716 号

理想空间
2018-07（80）

编委会主任	夏南凯　王耀武
编委会成员	（以下排名顺序不分先后）
	赵　民　唐子来　周　俭　彭震伟　郑　正
	夏南凯　缪　敏　张　榜　周玉斌　张尚武
	王新哲　桑　劲　秦振芝　徐　峰　王　静
	张亚津　杨贵庆　张玉鑫　施卫良
主　编	周　俭　王新哲
执行主编	王耀武　管娟
本期主编	陈波　管娟　金松儒
责任编辑	由爱华
编　辑	管娟　姜涛　陈波　顾毓涵　刘　杰
	刘　悦　赵宁波　余启佳　张聆暇
责任校对	徐春莲
平面设计	顾毓涵
主办单位	上海同济城市规划设计研究院
承办单位	上海怡立建筑设计事务所
地　址	上海市杨浦区中山北二路 1111 号同济规划大厦 1107 室
邮　编	200092
征订电话	021-65988891
传　真	021-65988891
邮　箱	idealspace2008@163.com
售书 QQ	575093669
淘宝网	http://shop35410173.taobao.com/
网站地址	http://idspace.com.cn
广告代理	上海旁其文化传播有限公司

出版发行	同济大学出版社
策划制作	《理想空间》编辑部
印　刷	上海锦佳印刷有限公司
开　本	635mm x 1000mm　1/8
印　张	16
字　数	320 000
印　数	1-10 000
版　次	2018 年 08 月第 1 版　2018 年 08 月第 1 次印刷
书　号	ISBN 978-7-5608-8052-5
定　价	55.00 元

勘　误

《理想空间》系列丛书第 79 辑《城市微更新》专辑中《基于老年弱势群体诉求的城市微更新探索——以上海市杨浦区鞍山三村中心花园微更新为例》一文的第一作者为余美瑛，第二作者为韩胜发。由于编辑校审失误，导致了漏刊第一作者余美瑛，特此勘正，并由此对第一作者余美瑛带来的不便，表示诚挚的歉意。

编者按

随着经济社会的不断发展，现代城市尤其是在发展中国家追求效率的特征特别突出，所以一些顺应需求的城市规划理念常被当成业界主流，但往往也忽视了儿童群体的需求，无处不在的噪声、形形色色的污染、飞速穿梭的汽车，冰冷的混凝土丛林……现代城市通过各种方式不断剥夺儿童群体的空间，使其只能在缝隙中寻找属于自己的天地。

在 1996 年联合国第二次人居环境会议决议中首次提出“儿童友好型城市”概念，建议将儿童的根本需求纳入街区或城市规划中。建设儿童友好型城市空间应以原有城市为基础，建设一个能为少年儿童提供安全、幸福、可靠的成长环境，让他们能从这个充满活力的、有凝聚力的社会中获益，能享受城市中有益于身心健康的建筑以及自然环境。目前，国内很多城市也提出争创“儿童友好型城市”，但在实际建设中，大多数城市仍没有具体的儿童友好城市空间的实施措施，或者只是强调投资较少的软环境建设。

本期内容正是着眼于此，针对当前各地实际推进城市儿童活动空间的建设情况，结合理论与实践，从政策背景、技术创新等方面对城市儿童活动空间的建设和未来发展加以探讨，并通过国内外高品质的规划设计成果及案例研究，提供可借鉴的成熟经验。

上期封面：

CONTENTS 目录

主题论文

004 "儿童友好型城市"的认知与深圳探索 \ 刘 磊 任泳东 雷越昌

010 儿童友好型校区交通及公共空间设计分析——以仰天湖赤岭小学为例 \ 罗 瑶

016 基于安全视角的基础教育交通空间规划解析 \ 郎益顺 魏 威

022 基于儿童心理学的儿童户外游戏空间设计策略研究 \ 宋海宏 裴思宇

专题案例

社区型儿童活动空间

026 社区儿童景观的视觉感知研究——以长房云时代儿童体验区为例 \ 颜 佳 郑 峥 郑红霞

032 广州市天河区儿童公园修建性详细规划 \ 陈智斌

038 长沙市儿童友好型公共空间设计——探索·蚂蚁乐园 \ 吴 雄 曾 蕾 罗志强

044 融入地方特色的童梦奇缘——南宁凤岭儿童公园规划设计 \ 王文娟 刘扬亮

048 融合城景，回归乡土——苍南县城中心区儿童滨水乐园设计 \ 陈漫华 邵 琴

052 深圳市建设儿童友好型社区的实践探索——以深圳市福田区红荔社区儿童友好型建设规划为例 \ 刘 磊 刘 堃 周雪瑞

058 提升公共空间品质，创建儿童友好型校区——以长沙市岳麓一小周边交通及公共空间改造设计为例 \ 钟富有 纪学峰

062 田埂上的乐园——四川雅安集贤幼儿园 \ 邹艳婷

景区型儿童活动空间

066 绿岛灵境，熊猫为伴——雅安市熊猫绿岛公园亲子乐园方案解析 \ 李金晨 矫明阳 程 楠

072 商业空间与亲子乐园的完美结合，打造儿童友好型空间新模式——Meebo 野孩子主题公园 \ 郑叶彬

078 基于儿童友好型城市理念的大型城市公园设计研究——以洛嘉魔方乐园为例 \ 颜 佳 郑 峥 郑红霞

082 休闲亲子类主题公园深化设计研究——以浙江安吉 Hello Kitty 家园为例 \ 孙秀萍

086 亲子乐园，商业地产示范区的新宠儿 \ 郑叶彬

092 重构失落的童年——二道白河下段儿童景观重建研究 \ 苟欣荣

098 儿童友好型的滨水公共空间场所营造的探索与实践——以长白山保护开发区池北区寒葱沟滨水儿童活动空间策划为例 \ 潘祥延 何甜雨

104 "让孩子亲近自然，让自然启迪孩子"——前小桔创意农场空间环境设计 \ 黄桂利 柳 潇

他山之石

108 儿童乌托邦——乌克兰伊万诺·弗兰科夫斯克市儿童友善公共空间 \ 张朋千

114 伊斯坦布尔佐鲁公园 \CEBRA 团队

118 丹麦普莱斯公园 \CEBRA 团队 Danjord 团队

122 冒险山矿山景观设计 \Omgeving 团队 CARVE 团队

126 攀爬者奥斯特公园 \CEBRA 团队

Top Article

004 The Cognition of "Child-Friendly Cities" and Explorationo in Shenzhen \Liu Lei Ren Yongdong Lei Yuechang

010 Analysis of Traffic and Public space Design for Child-Friendly Campus—A Case of Yangtianhu Chiling Primary School \Luo Yao

016 Analysis of Traffic Space Planning for Basic Education Based on Safety Perspective \Lang Yishun Wei Wei

022 Research on Children's Outdoor Game Space Design Strategy Based on Child Psychology \Song Haihong Pei Siyu

Subject Case
Community-based Children's Activity Space

026 Study on Visual Perception of Community Children's Landscape \Yan Jia Zheng Zheng Zheng Hongxia

032 Detailed planning for children's park in Tianhe District in Guangzhou \Chen Zhibin

038 Changsha Child-Friendly Public Space Design—Explore · Ant Park \Wu Xiong Zeng Lei Luo Zhiqiang

044 Nanning Phoenix Ridge, Children's Park Planning and Design \Wang Wenjuan Liu Yangliang

048 Merging the City Landscape, Returning to Home-land—The Design of Children's Waterfront Park in the Central District of Cangnan \Chen Manhua Shao Qin

052 Practical Exploration of Building the Child-Friendly Community in Shenzhen—Child-Friendly Planning of Hongli Community in Futian District of Shenzhen \Liu Lei Liu Kun Zhou Xuerui

058 Enhance the Quality of Public Space and Create Child-Friendly Campuses—Take the Traffic and Public Space Reconstruction Design of a Small Neighborhood in Yuelu, Changsha as an Example \Zhong Fuyou Ji Xuefeng

062 A Paradise on Field Ridges—Jixian Kindergarten in, Ya'an, Sichuan \Zou Yanting

Scenic Children's Activity Space

066 Green Island, Panda for Companion—Analysis of Parent-child Paradise in Ya'an Panda Green Island Park \Li Jinchen Jiao Mingyang Cheng Nan

072 Perfect Combination of Commercial Space and Parent-child Paradise, Create a New Model of Child-friendly Space—Wild Child Theme Park \Zheng Yebin

078 Research of Large Urban Park Design based on the Concept of Child-Friendly City \Yan Jia Zheng Zheng Zheng Hongxia

082 Deeper Design Study of Leisure Parent-child Theme Park—Anji Hello Kitty home in Zhejiang Province As an Example \Sun Xiuping

086 Parent-child Paradise, the New Darling of the Commercial Real Estate Demonstration Zone \Zheng Yebin

092 Reconstruct the Lost Childhood—A Study on the Reconstruction of Children's Landscape of the Erdaobai River \Gou Xinrong

098 Exploration and Practice of Creating a Child-Friendly Waterfront Public Space—A Case Study of the Planning of the Children's Activities on the Waterfront Ditch in Chibei District of Changbai Mountain Protection Development Zone \Pan Xiangyan He Tianyu

104 "Children Close to Nature and Nature Inspire Children"—Space Environment Design of Qianxiaoju Creative Farm \Huang Guili Liu Xiao

Voice from Abroad

108 Children Utopia—Child Friendly Public Space, Ivano-Frankivsk, Ukraine \Zhang Pengqian

114 Istanbul Zorlu Park \CEBRA

118 The Pulse Park \CEBRA Danjord

122 Play landscape be-MINE, Beringen \Omgeving CARVE

126 Speelslinger Oosterpark \CEBRA

主题论文
Top Article

"儿童友好型城市"的认知与深圳探索
The Cognition of "Child-Friendly Cities" and Exploration in Shenzhen

刘 磊 任泳东 雷越昌
Liu Lei Ren Yongdong Lei Yuechang

[摘　要]　儿童友好是对儿童权利的尊重，本文认为，"儿童友好型城市"概念的提出是社会儿童观进步与对现代城市建设反思的综合产物，是社会经济发展到一定阶段人民需求精细化的必然呈现。"儿童友好型城市"的核心内涵在于儿童观的进步——儿童要从"被安排的个体"转变为"可参与的个体"，它支持通过营造自然生境与安全玩乐环境让儿童天性回归，鼓励多元灵活的当地化探索。儿童是每个家庭的培养重点，是祖国未来的人才储备，儿童友好型城市的建设是满足人民日益增长的美好生活需求的重要应对，以及各地城市人才争夺战略与人才储备战略的重要发力点。深圳是第一个把"积极推动儿童友好型城市建设"纳入政府工作要点和全市"十三五"总体规划的城市，也是第一个从战略层面全面制定"儿童友好型城市"的全市规划和行动纲领的城市。本文重点介绍了儿童友好型城市的产生背景和核心内涵，并以深圳为例，介绍了深圳市建设儿童友好型城市的背景契机、实践探索、规划创新与价值把控。文末阐述了我国当前在推进儿童友好型城市建设过程中的难点，并对未来发展进行了若干展望。

[关键词]　儿童友好；儿童观；儿童友好型城市；深圳；规划创新

[Abstract]　The child-friendly is a respect for child rights. The authors believe that the concept of "Child-Friendly City" (CFC) is a comprehensive outcome of the progress of social views on children and the reflection of modern city construction. As the economy and society develops, it is a corollary of the differentiation of people's demand. The core connotation of CFC is the evolving process of the views on children. People have begun to realize that children should be treated as an individual "who can participate" instead of "who should be arranged". It supports that creating natural and safe environment attracts children back to the original nature and encourages flexible and local exploration. Children are the future of families as well as the whole nation, therefore the construction of CFC will meet people's increasing demand for a better life and cities' competition for potential talents. Shenzhen is the first city which brought the concept into the government work report and the 13th five-year plan and developed an overall strategic planning and an action plan of CFC in China. This paper firstly introduces the context and the core connotation of the CFC. Taking Shenzhen for example, it is divided into four parts: background and opportunity, practice and exploration, planning and innovation as well as value and control. Finally, it introduces the difficulties of promoting the urban construction of CFC in China and thinks about the outlook of its future development.

[Keywords]　Child-Friendly; The outlook on children; Child-Friendly Cities; Shenzhen; Planning innovation

[文章编号]　2018-80-A-004

1.历史上各个阶段（到20世纪前）
成人对待儿童的观念变化

随着中国特色社会主义进入承前启后、继往开来的新时代，社会主要矛盾已经转化为人民日益增长的美好生活需要和不平衡不充分的发展之间的矛盾，为了切实满足人民日益增长的美好生活需要，应对不同人群的需求进行针对性的解读与差异化的服务。儿童是祖国未来的人才储备，直接影响着未来城市的发展走向。当下，建设儿童友好型城市已成为全球战略，如何进一步关注儿童健康成长和权利实现，如何通过物质空间环境、基础设施、公共服务等方面的改善提供更适合儿童成长的环境，成为城乡规划进入治理时代后需要积极响应和实践付出的重要课题。从概念的产生背景来看，儿童友好型城市的诞生基于历史上对儿童权利认知的不断演进，源自对现代主义城市中儿童发展新困境的反思。

一、"儿童友好型城市"基于对儿童权利认知的不断演进

伴随时代进步与文明演进，成人世界对儿童权利的反思与讨论日益月滋。在西方历史上有很长一段时间并没有一个独立的概念去形容儿童，"儿童"在古代往往被视为"缩小的成人"，其在成人世界的发展经历了"从无到有"到"有地位"再到"有权利"的阶段发展，成人们也开始从"忽视儿童"到"不完整承认儿童"再到"逐渐强调儿童的自由与独立"。"儿童友好型城市"的讨论基石建立在社会对儿童权利认知的不断演进的过程中，其概念产生是社会进步与文明发展的必然结果。

1. 从"付之阙如"到"概念独立"的儿童观

"儿童"的概念不仅属于生物学的范畴，更是具有社会维度、历史维度的综合建构，其社会地位、内涵变化与社会生产力水平、社会文明程度息息相关。从古希腊到15世纪的西方，儿童更多的是成人的附庸。这种儿童观与当时的医疗条件有很大的关系，那时婴儿死亡率长期居高不下，人们对婴孩没有太大牵挂，人们像埋葬猪狗一样将死婴直接埋在后院，儿童被视作"不可避免的生命废弃物"，没有单独的词语去形容儿童这一群体，儿童（enfant）与"男仆、侍从、服务生、儿子、女婿"等词同义，未曾被作为独立的、自在的个体为人们充分理解与认识。到17世纪医疗条件改善，孩子夭折不可避免的观念渐渐消失，儿童被视为有异于成人需要得到特殊

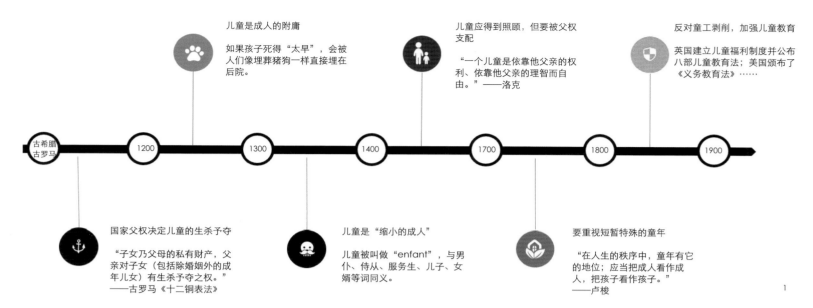

儿童是成人的附庸

如果孩子死得"太早"，会被人们像埋葬猪狗一样直接埋在后院。

儿童应得到照顾，但要被父权支配

"一个儿童是依靠他父亲的权利、依靠他父亲的理智而自由。"——洛克

反对童工剥削，加强儿童教育

英国建立儿童福利制度并公布八部儿童教育法；美国颁布了《义务教育法》……

古希腊古罗马　1200　1300　1400　1700　1800　1900

国家父权决定儿童的生杀予夺

"子女乃父母的私有财产，父亲对子女（包括除婚姻外的成年儿女）有生杀予夺之权。"——古罗马《十二铜表法》

儿童是"缩小的成人"

儿童被叫做"enfant"，与男仆、侍从、服务生、儿子、女婿等词同义。

要重视短暂特殊的童年

"在人生的秩序中，童年有它的地位；应当把成人看作成人，把孩子看作孩子。"——卢梭

照料的群体，但依旧被视作被父权支配的群体。正如当时的洛克所言："一个儿童是依靠他父亲的权利、依靠他父亲的理智而自由的，他父亲的理智将一直支配着他，直到他具有自己的理智时为止。"到18世纪，卢梭革命性地指出："在万物的秩序中，人类有它的地位；在人生的秩序中，童年有它的地位；应当把成人看作成人，把孩子看作孩子"，主张尊重儿童的价值，重视儿童短暂且特殊的童年生活。19世纪的工业革命加剧了资本主义国家对童工的剥削，伴随国家之间的竞争加剧，各国逐渐意识到儿童教育的重要性，于是在19世纪末期，发达国家开始涌现一批保护儿童教育的法律（详见表1），但该时期的儿童教育法律更多的是国家统治者用于发展经济、稳定统治的工具，并没有真正从儿童个人的立场出发，也并没有出现"儿童权利"的概念。

表1　19世纪西方各国在儿童教育立法上的努力

国家	时间	事件
英国	19世纪中期	建立了儿童福利制度公布八部儿童教育法律
德国	19世纪中期	世界上第一个实施《义务教育法》
美国	1852年	《义务教育法》
	1918年	48个州全部实施了义务教育

2. 从"重视需求"到"尊重权利"的儿童观演进

进入20世纪，社会中上阶层开始更加重视儿童带给父母的欢乐、爱等情感价值。1924年，第五届联合国大会中于通过了《日内瓦儿童权利宣言》，提出："必须提供儿童正常发展所需之物质上和精神上的各种需要"。这标志着国际社会开始不仅关注儿童"物质上"的需求，还关注其"精神上"的需求。伴随第三次

科技革命后的经济发展，人们意识到儿童是承载国家未来复兴与强盛的竞争资本。1959年，第十四届联合国大会通过了《儿童权利宣言》，指出"要在考虑儿童利益最大化的原则下制定相关法律法规来保护儿童权利"及"儿童拥有教育、游戏和娱乐的权利"。"二战"后30年的世界局势相对稳定，但是在某些地区矛盾仍然很尖锐，儿童的生存状况并不乐观，为保障更多儿童的权利，1989年11月20日，联合国大会通过了《儿童权利公约》，强调应考虑儿童权益的最大化，并应指出"生存权、受保护权、发展权与参与权"是儿童的四项基本权利，一方面它为各个国家内部制定保护儿童权利的相关法律法规制定国际标准；更重要的是，它首次承认儿童有参与和表达的权利，体现了社会民主的进步与对儿童人权的尊重。《儿童权利公约》虽然将儿童权利的保护升级到法律的层级，但在实施方法和概念内涵等方面有很大的不确定性。

二、"儿童友好型城市"源自对现代主义城市中儿童发展新困境的反思

进入21世纪，世界上近半数的儿童开始生活在城市，对比乡村地区，城市更有利于保障儿童的认知能力与教育水平，儿童更有机会收获更多高水平教育者的养育与关注，受到的外界刺激更多，视野更开放。但不可回避的是由于过多地追求效率与集约发展，城市也给儿童的生长发展带来很多不利的影响，儿童的空间生活日益趋向驯养化、孤岛化与制度化。

1. 城市公共品的"成人本位"，儿童天性缺少尊重与释放

现代主义城市是一个处在主体分裂状态下的容

器，同时具备社会性和生产性，在该属性定义下关注生产线、流水线、批量化和效率化的管理方式就成为必然，诸如教育、社会治安、公共空间等城市公共品也都聚焦于效率。正如我种一棵大树让其按照天性生长与让其成为整齐的园林树种有很大的不同，城市教育更加追求控制，在最短时间内实现效率；城市空间更加追求管理简化，尽可能实现模式化。因而，成人本位与效率至上的城市更希望培养的儿童能成为对其未来有用的"人才"，而不是培养更具天性的"儿童"。在日语中，时间、空间、仲间（伙伴）被称为儿童玩耍所不可或缺的"三间"，而现代城市"规训"式的管理与公共产品供给显然提供给儿童的"三间不足"，这在无形中压制了儿童天性的释放与生长，孩子们不能获得主体内在需求的满足。若想儿童天性得以保存，需要转换"被安排的客体"角色为"可参与的主体"角色，孩子们比大人们更知道自己要什么，正如卢梭在其著作《爱弥儿》中所说的："大自然希望儿童在成人以前就要像儿童的样子。如果我们打乱了这个次序……我们将造成年纪轻轻的博士和老态龙钟的儿童。儿童有它特有的看法和感情；如果想用成人的看法、想法和感情去代替他们的看法、想法和感情，那简直是最愚蠢的事情。"

2. 城市建设的"去自然化"，影响儿童的身心健康发展

大自然可以促进孩童的运动协调能力和身体素质的提升发展，对儿童心理健康与创造力也大有裨益。西雅图儿童医院和地区医疗中心提出学龄前儿童的多动症与电子设备有关联，而大自然的绿色户外环境可以缓解与治疗多动症儿童的注意力缺失症状。另外，发明和创造力与该环境中变量的数量和种类成正比，

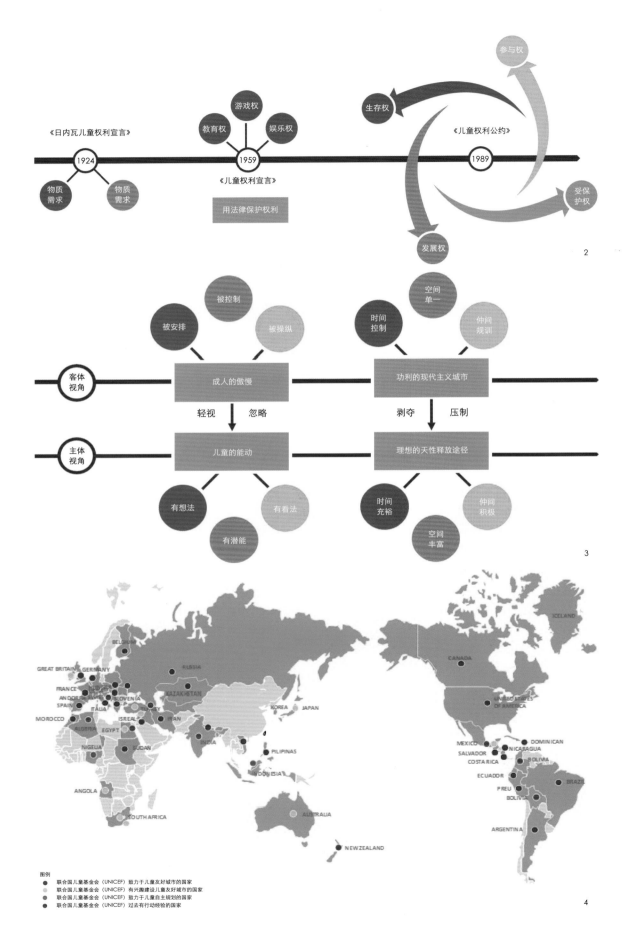

大自然的四季变化、阴晴雨雪带来了其中材质触觉、视觉上无穷的变化，相比之下，人造的塑料玩具信息是单一的，自然环境更有助于儿童智力持续发展，并且激发想象力。以经济增长为导向是现代城市的本质，在土地价值争夺的战争中，城市愈发追求高集约化发展，鲜见大面积原始自然的原野或森林，城市中的孩子们与大自然愈发远离，逐渐被电子产品奴役："他们宁可放弃去看海、去爬山，而选择待在房间里，因为只有屋里才有电源插座。"城市与科技加速了孩子们与自然的长期隔绝，世界未来协会将"自然缺失症"列为70多项主要的全球变化中的第5位。与自然的剥离造成了一些直接的不良后果，比如感官的逐渐退化，造成例如肥胖增加、注意力紊乱和抑郁等影响儿童身心健康的病态。

3. 城市路权的"机动车向"，侵害街头游戏与儿童安全

儿童的活动半径有限，上下学和住家周边的街道就成为他们活动的重要区域。不管是东方还是西方，孩童都曾拥有街道，他们用粉笔或者棍痕去创造线条、围合空间，进行跳房子、下棋、弹珠、竞技游戏等多种自助创造性的游戏，这些空间比如今小区预先设计好的游戏空间更能激发创造力。如今，城市路权更多倾向机动车，父母们认为街道变得越来越不安全，"成人们不能让孩子们脱离自己的视线，只能开车送他们去运动场等地方，而不是让他们步行和骑自行车外出，把他们绑在汽车的后座，每日接送上下学、运动课和钢琴课，孩子们像溺爱中的囚徒——被宠爱、被限制，同时又不断被责备"（Cadzow，2004）。街道已经从一个综合性场所（交通、玩耍、社交）变成单一性场所（交通），即使规划师们在城市社区中为儿童设立了独立的游戏空间，也与以往线性的、连贯的街道场所空间不同，是固定不可移

2.20世纪关键的几次儿童观转变
3."成人本位"下的现代城市压制和剥夺了儿童天性所需的"三间"
4.全球各国在儿童友好型城市方面的建设现状
5-6.三四十年代纽约上东区的街头游戏
7-9.七八十年代中国的街头游戏

动的、跳跃分散的、被特定设计的、材质单一的场所空间，孩子们安全快乐、随意自由的街头游戏活动日渐式微，他们逐渐被拉进室内，被安排玩成人们给他们购买的现成玩具。在中国这样的少子国家，城市儿童的游戏活动室内化进一步削弱了独生子女儿童的群体社交机会，逐渐成为被成人圈养在室内空间的金丝雀，过着孤独、静止式的生活。

三、"儿童友好型城市"的核心内涵

基于儿童权利认知的不断演进与对现代城市中儿童发展新困境的思考，人们开始意识到需要将儿童的根本需求纳入街区或城市的规划中，实现儿童在环境、社会和参与方面的需求与权利。1996年6月5日联合国在伊斯坦布尔召开的第二届人类居住会议上，联合国儿童基金会（UNICEF）提交了《儿童权利和居住》草案，第一次提出了"儿童友好型城市（CFC——Child-Friendly Cities）"的构想，并按照联合国《儿童权利公约》规定的儿童权利的四个基本方面确定了儿童友好型城市的12个目标（详见表2）以促进实施。

表2　CFC界定儿童友好型城市目标与《儿童权利公约》呼应

保护权利	儿童友好型城市目标
生命权	·喝安全的水，并有适当的卫生条件 ·生活在一个清洁的环境 ·能够自己在街上安全地走
受保护权	·保护免受剥削、暴力和虐待 ·不分民族起源、宗教、收入、性别或残疾，作为一个平等的公民，享受城市每个服务 ·安全地遇见朋友和玩耍
发展权	·有植物和动物的绿色空间 ·参与文化和社会活动 ·接受基本的服务，如医疗保健、教育和住房
参与权	·影响他们城市的决定 ·在他们的城市表达他们想要的意见 ·参与家庭、社区和社会生活

究其核心内涵，儿童友好型城市对比之前的儿童观有了长足的进步与发展，主要表现在以下方面。

1. 从客体到主体，让渡儿童参与权给儿童

2001年，为了充分实施CFC建设计划，联合国儿童基金会详细给出了儿童友好型城市的一些最基本实施条件和要素，提出建设"儿童友好型城市"的地方政府应该确保所有地方在政策制定、资源分配、日常管理事务中，始终坚持贯彻儿童利益优先原则；儿童有权利参与到关乎他们生活的政策决策中来，有权利获得表达他们意见的机会。可见儿童友好型城市强调儿童在可持续发展中的"主体"角色，致力于让年轻人影响关于城市的决策，表达他们对于城市的意见，参与社区和城市生活；提倡儿童可以安全独自出行，和朋友聚会和游戏，居住在一个没有污染的绿色环境中，参与文化和社会活动，成为城市平等的公民，获得各项服务而不受任何歧视等。由于受劳动二重性（主体人应作为"物质劳动"和"社会财产的劳动"的二重规定）的固有思维束缚，城市的参与权、拥有权更多地被视作成人作为主体的应有权利，为此，能够承认并鼓励儿童参与权的发展，是儿童从"被安排"的客体角色转变为"可参与"的主体角色的一次转变，是儿童观的一大进步。

2. 从效率到人性，重视孩子们天性的回归

国际城市环境学会对"儿童友好"的定义是：为了满足儿童的福利，通过完善儿童的生活环境，实现儿童在身体、心理、认知、社会和经济上的需求和权利。根据GUIC的实践研究，CFC意味着"社会和物质环境能够为儿童带来归属感、受重视感和有价值感，拥有培养独立自主能力的机会，儿童同时还能获得便利安全的活动空间与朋友进行交流、玩耍，并应有充满野趣的场所与大自然建立友好情感。"儿童友好型城市回归人本主义，重视自然、重视儿童交往、鼓励儿童能够在安全的环境中玩耍，这与时代发展相吻合，也直击了现代都市集约发展下儿童缺少天然野趣游乐空间、缺少安全街区环境等痛点。CFC城市的核心是在保障基本儿童权利的基础上，注重从"儿童天性"着眼，提供有益的社会及空间环境，帮助儿童发展自我的创造力，完成健康的个体化发展过程。

3. 从单一到多元，鼓励城市在地化实践

联合国儿基会历来希冀各城市可以发掘各自面临的真实的、急需解决的儿童困境，并找到切实有效的解决与改善措施，近年，CFC还推出了U-KID城市发展指数的交互式数据平台，该平台允许城市儿童去衡量城市在改善他们生活方面的表现和采取措施，通过数据可视化和交互对比，对城市在儿童友好的关键领域进行监控和分析，为市领导们全球参阅访问全球相关解决方案、最佳实践，实现全球合作提供便利。

从儿童友好型城市的联合国认证标准来说，它鼓励各国政府将实施"联合国儿童权利公约"所需的程序转化为地方政府程序，城市若能提出相对应的策略，就会被认证成功。目前，从已获批的儿童友好型城市来看，全球建设儿童友好型城市的侧重点多元且丰富。到2015年9月份，已有1 157个城市和地区申请并获得了"儿童友好型城市"国际秘书处的认证，如伦敦、慕尼黑、布宜诺斯艾利斯、西雅图及哥本哈根，且数量仍在持续增加。从已获批的儿童友好型城市主推的建设措施改善来看，儿童友好型城市并没有一个唯一确定的定义，或者是描述它应该怎么做，不同城市的侧重点不同，高收入城市更加关注"儿童天性"发展，强调在安全交通空间、绿色环境等方面加入儿童参与，以促进儿童健康的个体发展；而在中低收入城市，则更多强调公共服务设施的提升，更加着力于改善教育、健康环境、水源干净及儿童安全等方面。

四、当前我国建设"儿童友好型城市"的必要性

首先，慈幼恤童是我国自古以来的优良传统。孟

深圳市福田区红荔社区
儿童议事会成立仪式

11

12

10

子所言"幼吾幼以及人之幼"，《周礼》中记录我国最早的社会福利制度"保息六政"中，"慈幼"居六政之首。我国自古对儿童就有着朴素的人文关怀，恤孤机构的历史可回溯千年。儿童是和成人一样拥有权利的主体，却没有像成人一样捍卫自己权利的能力，通过城市建设去承认并维护儿童权利，并通过软件、硬件等方面的综合改善去强化促进儿童发展，是一个大国理应挑起的责任。其次，建设"儿童友好型城市"可成为我国储备人才与蓄力民族竞争力的重要战略。国家的竞争力与人口规模和人口质量紧密相关。"十三五"时期，我国15~59岁劳动年龄人口数量将从9.25亿左右下降到9.12亿左右，净减少超过1 000万。哈瑞·丹特预言："中国的人口红利将减少……在2015—2025年经历劳动力增长平台期之后，中国将成为首个跌落人口悬崖的新兴国家。"在劳动力数量不断减少、劳动力成本不断提高的背景下，儿童作为未来的劳动力主体，其质量与视野在一定程度上影响着未来"人才红利"的潜力，对国家竞争力具有重要的战略意义。再次，建设"儿童友好型城市"是经济发展到新阶段需求细化的必然要求。经过过去30多年，我国社会、经济发展站在一个全新的历史起点上，人民群众对自身及下一代能过上美好生活的需求不断提高。回顾近年的新闻热点，可以发现儿童相关的社会问题极易引起全民关注，群众对保护儿童安全、促进儿童发展等方面需求迫切。伴随我国经济的

发展，高速推进的城市化和激增的城市交通使得儿童在出行安全、玩耍活动、性格塑造等方面面对的不良因素越来越多，旧态城市已经应对不了儿童发展中日益多样化、专业化和急切化的新态需求。从权利角度而论，人们正逐渐完善自我权利的认同，同时也在完善对他人权利的认同，重视儿童权利已经成为群众意识形态进步的表征之一。在新阶段下建设儿童友好型城市是应时之举，也是民心所向。

五、"儿童友好型城市"的深圳探索

深圳市于2016年提出建设儿童友好型城市，并将其纳入当年市委全会报告和国民经济和社会发展"十三五"规划。深圳市儿童友好型城市（SZ-CFC）致力于根据自身发展阶段及目标，重新评判与匹配以满足深圳儿童的切实需求，而不仅仅只取得联合国儿童基金会的"儿童友好型城市"的称号与认可。为此，深圳除了坚持儿童优先、坚持儿童最大利益、坚持儿童平等基本原则外，在建构地方化的儿童友好型城市的过程中还做出了以下创新与努力。

1. 鼓励场所自然化，尊重儿童的天性发展

为培养出更多本真的儿童，而非被规训的儿童，深圳提出鼓励构建全面自然化要素构成的公共空间和游戏设施，倡导建设具有创造性的游戏空间和游

戏设施，以及充满交往活力的儿童友好空间。主要措施包括并不限于：对现有城市公园、广场等公共空间进行儿童友好改造，设置亲近自然、启发创造性的游戏空间，增设儿童友好型活动设施，并保障其安全性；新增公共空间，着重考虑儿童体验性场所设计，鼓励采用松动、绿色、自然的材料；在森林—郊野公园等留有儿童专门的活动空间；科学规划自然空间环境建设和设施，鼓励儿童体验野外环境，逐步解决儿童自然缺失的现状；提供适应多年龄段的非硬化主题步行径和多样化互动空间。针对各年龄段的儿童需求，依托现状自然资源和人文资源，设置不同主题的非硬质步行径，在上下学路径上鼓励进行交通型路径与休闲型路径分离，综合考虑坡度、坡向等因素，在适宜处提供可被多人使用、安全可达的草坪和简单的游戏空间；加强自然教育活动，强化自然空间的教育培训功能，在红树林自然保护区等已有"自然学校"的基础上，加快推进城市公园与中小学校合作，定期开展面向全市儿童的自然体验课程等。

2. 呼吁全社会关注儿童，保障儿童参与权

为呼吁与号召全社会对儿童参与的关注与尊重，深圳市委、市政府在2017年11月20日的"世界儿童日"于深圳第一高建筑"平安金融中心"举行了"点亮城市，点亮儿童未来"的活动，成为国内首个用高层点灯行动来呼吁全市民关注儿童的城市。

此外，深圳的儿童友好型城市建设以尊重儿童需求为核心原则，重视儿童的真实参与，探索构建制度化、全流程、常效性的儿童参与机制，如尝试探索建立三级儿童代表制度、探索儿童需求从表达到落实的完整机制、儿童常效性的需求表达和决策反馈机制，并为儿童参与尝试性制定社区成人支助服务制度。与此同时，继续推进提升全社会对儿童权利的认知水平、完善适度普惠型儿童社会保障制度，并全面拓展与建设儿童友好型城市空间。

3. 构建全方位、体系化工作框架保障落实

为了更好地将深圳儿童友好型城市战略贯彻到实施，深圳市策划"法规政策—空间（重点为公共空间）—深圳各职能部门的管理与建设"的连贯性逻辑，以儿童的真实需求为导向，整合儿童参与、儿童保障体系等社会内容，制定了从顶层设计到基层实践的系列规划，以《深圳市建设儿童友好型城市战略规划（2017—2035年）》为顶层设计，并贯彻到《深圳市城市总体规划（2016—2035年）》中，以《深圳市建设儿童友好型城市行动计划（2018—2020年）》为操作导向，以多维协同儿童友好型城市的项目实操为基层实践，推动了诸如《罗湖"二线插花地"棚户区改造中儿童友好型建设专题研究》《深圳市福田区红荔社区儿童友好建设规划》《深圳少儿图书馆儿童友好建设规划》《北京大学深圳医院儿童友好医院建设规划》等工作，同步编写了《深圳市儿童友好型学校建设指引》《深圳市儿童友好型社区建设指引》《深圳市儿童友好型医院建设指引》与《深圳市儿童友好型图书馆建设指引》等相关建设指引与规范标准，通过全体系、多维度的工作框架改善儿童生存、发展、参与现状以及优化城市治理。

六、展望

"儿童友好"是以儿童为出发点的设计理念，它鼓励儿童参与，通过更多的设置亲近自然、启发创造性的游戏空间以及安全的街道设计，来增加儿童与自然空间接触的机会并提高儿童在城市中的安全度。它认为孩子不是成人的附庸品，认为城市不仅仅是成年人的，不管是基于尊重现在的儿童智慧，还是为了培养未来的可持续性人才，"儿童友好"都是一个需要被认真对待的概念。儿童往往是城市中最脆弱的群体，如果这个城市对儿童是友好的，那么对于其他人来说也是友好的，在城市规划越发关注市民幸福的背景下，"儿童友好型城市"以最脆弱的儿童为衡量标准，无疑是拆解"以人为

本"这个宏伟目标的细化落实。

如今儿童的价值、儿童友好型城市的价值正逐渐被国内城市所熟知了解，诸如长沙、江苏、上海、南京等城市也都开始了蓬勃的儿童友好型城市建设探索，这对儿童权利保护与城市空间改善而言无疑是件好事，但在争先恐后的儿童友好型城市建设风潮中，规划师们应避免为追求建设速度而将儿童参与变成一种空泛的形式。儿童友好型城市的规划命题像一棵破土而出的幼苗，它的新鲜活力极大的吸引着我们，但若向下挖深并除去泥土会发现迷宫一样的错节盘根，这些盘根就是儿童意识与儿童需求的根本，这些泥土则是阻碍成人理解儿童行为或者认识儿童心理的障碍。为此，在实操层面规划师们需要虚心学会如何代表儿童利益，如何与儿童协作并将儿童语言转译为规划语言，这是未来规划工作中的难点和重点。此外，从深圳目前的规划设施效果来看，建设儿童友好型城市的难点还有：规划的推进往往受制于牵头部门的权力权限，在多个层面的推进都遇到了"达成共识易、推进实践难"的困境。未来深圳的儿童友好型城市建设工作还将继续，2018年将同步启动十个儿童友好型社区改建，在后续工作中需要将儿童优先原则继续内化入社会共识，自上而下地借助更高权力的能级，搭建"政府主导、部门协作、社会支持、人人参与"的工作格局，只有通过社会各级的共同努力，才能让"儿童友好型城市"保护儿童权利的愿望成真，促进儿童发展的措施落地。

参考文献

[1]菲力浦·阿利埃斯.儿童的世纪：旧制度下的儿童和家庭生活[M].沈坚，朱晓罕，译.北京：北京大学出版社，2013:59.

[2]洛克.政府论（下篇）[M].叶启芳，瞿菊农译，商务印书馆2005: 38.

[3]卢梭.爱弥儿（论教育）（上卷）[M].李平沤，译.人民教育出版社，2001: 71.

[4]联合国儿童基金会.世界儿童白皮书：世界儿童状况. 1986.

[5][澳]布伦丹·格利森.创建儿童友好型城市[M].北京：中国建筑工业出版社，2014.

[6][日]吹田市，(仮称)青少年拠点施设整备事业基本计画[Z]. 2007: 11.

[7][美]理查德·洛夫.林间最后的小孩：拯救自然缺失症儿童[M].王西敏，译.中国发展出版社. 2010.

[8]Peter E. Dans and Suzanne Wasserman, Life on the Lower East Side[M]. Courtesy of Princeton Architectural Press.2006.

[9]The CFC conceptual-framework[EB/OL].http:// childfriendlycities.org/building-a-cfc/cfc-conceptual-framework/, 2018/2018 – 01 – 10.

[10]深圳市建设儿童友好型城市战略规划（2017—2035年）[R].深圳：深圳市城市规划设计研究院，2017.

[11][美]哈瑞·丹特.人口峭壁：2014—2019年当人口红利终结，经济萧条来临[M].中信出版社. 2014.

[12]陈立钧.中国儿童发展报告[R].芝加哥大学Chapin Hall研究中心. 2016.

[13]The CFC Initiative[EB/OL]. http://childfriendlycities.org/ overview/the-cfc-initiative/ , 2018/2018 – 01 – 10.

[14]《中国儿童发展报告2017》发布[EB/OL]. http://www.gongyi shibao.com/html/qiyeCSR/13114.html, 2017-12-26/2018 – 01 – 10.

[15]黄进.儿童的空间和空间中的儿童：多学科的研究及启示[J].教育研究与实验，2016(3): 22-26.

[16]The U-Kid Index[EB/OL].http://childfriendlycities.org/u-kid/, 2018/2018 – 01 – 10.

[17]Riggio,E.& Kilbane, T. The international secretariat for child-friendly cities:a global network for urban children.[J] Environment&Urbanization Vol 12 No 2 October 2000.

作者简介

刘　磊，哈尔滨工业大学硕士，教授级高级工程师，深圳市城市规划设计研究院有限公司，规划一所所长，兼副总规划师；

任泳东，华南理工大学硕士，中级城市规划工程师，深圳市城市规划设计研究院有限公司；

雷越昌，华南理工大学硕士，中级城市规划工程师，深圳市城市规划设计研究院有限公司。

10.深圳正在推进的儿童友好型城市的相关规划项目
11-12.深圳儿童参与社区公园设计及成立儿童议事会

儿童友好型校区交通及公共空间设计分析
——以仰天湖赤岭小学为例

Analysis of Traffic and Public space Design for Child-Friendly Campus
—A Case of Yangtianhu Chiling Primary School

罗 瑶
Luo Yao

[摘　要]　在中国城市化进程中，儿童作为国家发展的未来，其成长环境受到越来越多的关注。作为儿童最主要的学习和生活空间之一的小学校园，同时也是城市规划建设过程中最重要的公共配套设施之一。本文主要以通过一系列措施提升校园的友好度，并以取得优异成果的仰天湖赤岭小学为例。从剖析其改造背景、规划框架和行动方案等几个方面着手，对儿童友好型校区开放空间建设做出总结分析，并针对在实际儿童友好型校区开放空间建设过程中，所遇到的问题，给出建议。

[关键词]　儿童友好型校区；城市建设；规划框架；城市公共空间

[Abstract]　In the process of urbanization in China, children, as the future of national development, have received more and more attention in their growth environment. The primary school campus, one of the most important learning and living spaces for children, is also one of the most important public facilities in the urban planning and construction process.This article mainly aims to improve the friendship of the school through a series of measures, and takes the example of Yangtianhu Chiling Primary School which has achieved excellent results.From the analysis of its transformation background, planning framework and action plan, we will make a summary analysis of the open space construction of child-friendly campuses and give advice on the problems encountered in the construction of an open space in an actual child-friendly campus.

[Keywords]　Child-Friendly Campus; Urban Construction; Planning Framework; Urban Public Space

[文章编号]　2018-80-A-010

1.区位图
2.赤岭小学卫星图区位图
3.校园现状与远期总平面图
4.近期学校周边道路建设规划图
5.近期至学校交通流线组织规划图
6.学校周边道路交通限制规划图
7.现状道路断面形式
8.改造后道路断面形式

据权威调查数据显示，目前在世界范围内城市化进程中，儿童作为一个重要且庞大的群体，往往被传统的城市建设规划所忽略，亿万儿童在城市中没能享有到最基本的公共服务。在我国，随着城市规模的不断扩大，外来人口激增以及生育政策的改革，城市中针对儿童的基础配套设施已显不足。在联合国的倡导下，建设"儿童友好型城市"成为我们新的战略目标。学校作为青少年学习活动的主要场所，是城市发展建设必不可少的基础设施。校园的特殊性对校园周边环境要求较高，主要指学校周边的基本设施，如交通设施、生活配套设施和休闲娱乐设施等。

一、仰天湖赤岭小学的儿童友好型校区开放空间建设设计背景

目前小学校园的周边环境普遍存在两个方面的主要问题，其一在于，交通压力过大，随着机动车数量的激增，学校周边的道路承载能力低，导致交通混乱，行人及儿童交通安全无法保障。其二在于，周边环境品质差，街区脏乱嘈杂，缺少必要的公共开放空

间。因此，在建设"儿童友好型城市"战略目标的指导下，通过一系列措施，改善交通条件，优化学校周围公共空间环境，提升小学校园周边街区儿童友好度，成为势在必行的项目。

2016年湖南省长沙市正式启动儿童友好型城市的建设，作为十个试点校园之一的仰天湖赤岭小学亦成为本次起步建设中的重点。

仰天湖赤岭小学于2012年进行重建，并与2014年正式使用。近期已投入使用的项目，包括五层教学综合楼一栋、附属地下停车设施和室外活动场地，建设用地面积达到9 041m²。目前学校的招生范围为：东至芙蓉南路，南至湖开宿舍南向围墙—南二环，西至书院南路，北至赤岭路—麻园塘街。生源分别来自周边通用时代、白沙花园等14个小区。现有学生总人数达819人，学校的主校门设立在院校西侧。

经过多方座谈（学生、家长、老师及居民等）、形式多样的公共参与调查（现状问卷、网络问卷和扎针地图等）与校区周边现场踏勘等调研方式，分析并总结仰天湖赤岭小学现状在交通和公共空间方面的主要问题，重点在于缺少连续性的步行

道、过街设施不完善、停车占用步行道、过街信号时间短、车辆拥堵以及对于儿童公共活动空间设施的缺乏。儿童活动设施已经远远不能满足周边群众的需求。

二、规划框架和行动计划

经过缜密的研究调查，针对以上问题，为了系统改善提高校区友好度、儿童友好度，分别对于交通改善、校区周边公共服务设施着手重点规划，并从建设时序安排、实施进度等多方面制定详细的推荐计划。

1.设计策略研究

结合现状问题，应重点针对"校门就学高峰期交通拥堵，如何疏导""儿童就学路径不定藏危险，如何引导""就学路径无适宜活动空间，如何创造""校区周边城市建设存时序，如何统筹"四个方面的问题，提出创建基于儿童友好型的校区周边交通组织，组织儿童友好型的上下学交通路径；创建儿童友好型的公共活动空间；结合城市建设时序，统筹儿

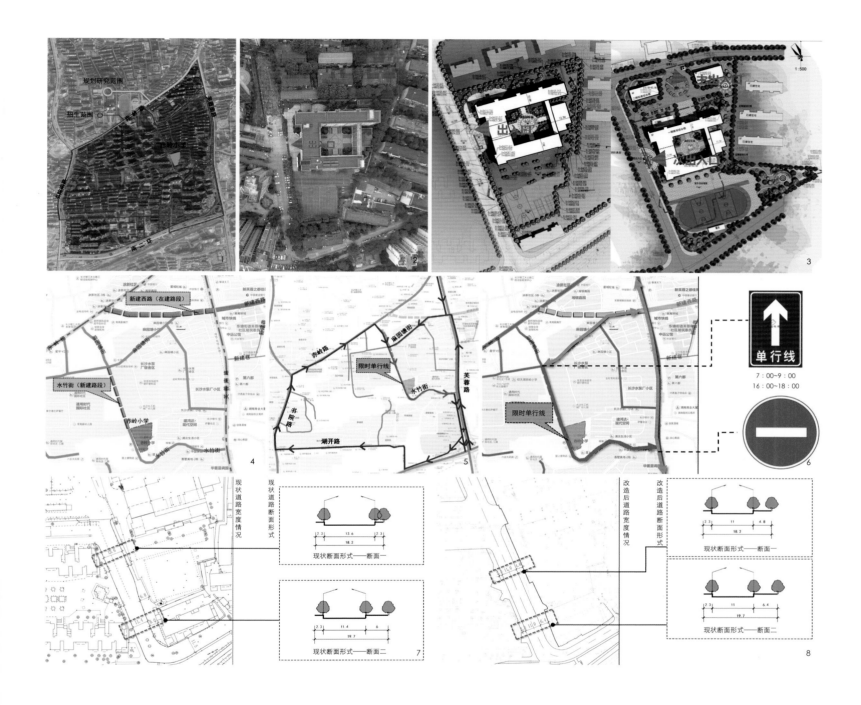

童友好型校区建设的规划设计策略。

2. 交通改善措施

规划可通过现状调研分析学校入口的空间形式与人的行为特征的关系以及通过时间、空间与行动相对照的系列分析方法，对小学门前区、空间要素及交通组织等方面展开分析研究，提出校区及周边上下学期间接送交通停车安排、交通流线组织的有效方式，并对小学门前区的建设提出指导性意见，对相关学校门前区管理、门前区规划设计、交通规划等提出具有定量化、科学化的优化措施建议。规划可针对步行空间、道路节点、交通组织和交通设施等方面分类进行计划组织（详见表1）。

3. 儿童公共活动空间的营造

规划需结合上下学路径，优化沿线绿地、广场及其他公共活动场地布置和设计，提高上下学路径沿线空间环境和慢行上下学的趣味性。丰富和改善街区内适宜儿童活动的公共游憩空间，提出改造方案，组织儿童活动路径，丰富儿童社会体验。

规划可以通过对点、线两种特殊空间的打入入手，渐渐编织起儿童友好城市空间的网络，从而实现相应的城市空间层面（详见表2）。

（1）点空间，即通过多层次户外儿童游乐空间的斑块状布设，破解城市儿童与自然的疏离，实现儿童空间的回归，同时增加趣味化的教育功能，以保障儿童的发展权和参与权。包括：以居民小区场地为基础、公共场地为骨干、机构附属场地为补充的层级结构体系。

（2）线空间，即通过上学路线的建设，满足城市儿童的基本安全空间需求，保障儿童的生存权和受保护权。包括：通过线状的点空间与相应的公共服务结合实现。在城市街道和相应公共空间基础上建设的"儿童出行路径"。

表1　　　　　　　　　　交通改造实施项目一览表

项目	分类	序号	项目名称	具体措施
交通改善项目	步行空间	项目1	水竹街人行道改善工程	1.仰天湖赤岭小学西侧围墙外设置人行道并拓宽至4.8m,设置不低于2.5m的上下学绿色通道,通过绿化道隔离车行道; 2.水竹街中段人行道修复; 3.通过隔离设施完善人行道的独立性及安全性,同时完善人行道地面材质及标识系统
	道路节点	项目2	学校校门口交通改善工程	1.学校西侧围墙外设置学生专用通道; 2.学校校门口增设临时家长等候区; 3.学校西侧水竹街道路停车优化,西侧设置10个上下学接送临时停车位,另外结合校门口西北角限时停车位辅以上下学接送临时停车位功能以满足需求(总计可达20个); 4.校门口两侧新增12个临时非机动车停车位; 5.层上官邸和通用时代出入口位置增设爱心斑马线和志愿者
		项目3	水竹街(社区临时停车场至化机巷段)交通改善工程	1.道路北侧在保证8m机动车道宽度前提下,新增2.5m人行道,并通过设置隔离桩隔离; 2.道路南侧维持现状人行道宽度,增设隔离桩设施,保证人行道通畅; 3.对人行道路面提质改造; 4.增设儿童专用通道地面涂鸦以及提示标识; 5.通过趣味图案以及颜色,强化过街斑马线设施
	交通组织	项目4	校区周边道路通达性改善工程	新建水竹街(校门口)至麻园塘街260m道路,断面形式依据本次规划改造要求建设
		项目5	水竹街交通组织优化项目	1.原有双向通行道路改为北往南限时单向通行,并设置相应的标识标牌提示以及监控违章抓拍等管理设施; 2.校区围墙范围内取消道路东侧停车位,仅在西侧设置少量侧停式停车位,同时规范社区临时停车场停车秩序(收费停车),加大停车流转; 3.校区门口道路东侧结合绿化带设置非机动车临时停放区; 4.校门口及水竹街沿线主要过街节点增设人行过街趣味斑马线设施和志愿者
		项目6	"步行巴士"	1.建立近期3条主要步行巴士线路 2.交通标识、安全性检查、沿线居民宣传 3.志愿者召集及制定组织实施方案
	交通设施	项目7	学校周边视频监控设施完善工程	1.学校周边沿水竹街按间隔100m设置治安监控摄像点 2.沿水竹街后街按间隔100m设置治安监控摄像点
		项目8	学区范围内交通标志完善工程	1.学校周边及水竹街沿线主要车行出口设置交通转弯镜、减速带、"学校路段"警示标牌等交通安全设施 2.完善学区范围内儿童过街安全标志,重要过街节点设置手动式人行过街信号灯 3.对主要步行通道设立标识设施

表2　　　　　　　　　　交通改善项目

项目	分类	序号	项目名称	具体措施
公共空间改善项目	公共空间	项目1	仰天湖赤岭小学校门口公共空间提质改造项目	1.校门口两侧增设临时性家长等候休息区,并完善座椅、雨棚等等候设施; 2.利用学校围墙外拓宽后的人行道,通过地面标识打造上下学专用通道
		项目2	学校周边道路附属设施改造	1.水竹街长沙奥林汽车维修服务有限公司及化工巷围墙设置儿童绘画装饰墙; 2.上下学路径市政井盖强化安全措施,同时喷绘儿童绘画图案

儿童友好型校区交通及公共空间改造规划设计
- 现状调研
  - 现状实地踏勘
  - 问卷及访谈调研
- 现状问题梳理
  - 调研数据分析
  - 现状问题提炼
- 交通组织优化
  - 机动车线路组织
  - 慢行线路组织
  - 静态交通组织
- 上下学路径优化
  - 安全路径设计
  - 路径环境优化
- 公共活动空间优化
  - 点空间优化
  - 线空间优化
- 项目计划安排
  - 具体项目布局
  - 项目实施计划
- 实施细则

三、对我国儿童友好型校区开放空间设计的启示

1. 加强有针对性的儿童公共开放空间建设

以往的城市空间建设中,通常为非专门儿童活动空间的营造,也就是说多以成人的视角去设置,缺少对儿童尺度的关注,致使儿童缺少对城市及街道空间的乐趣。本文指出有针对性的儿童活动空间,是指在一定区域内(校园周边或者街区)固定的能给儿童提供的具备玩耍功能的开放性活动空间。如建造社区儿童游乐园、社区儿童游乐场地或者游乐绿地等。

现阶段类似校区周边儿童公共开放空间建设只是一个起步,我们更应在各个层次城市规划设计中加以考虑,比如说结合城市开放式街区、开放式小区的建设中,以及旧城更新和社区微改造中都应在儿童公共开放空间的建设方面给予重点考虑。

2. 营造安全的儿童交通环境

目前,校园周边杂乱的交通以及乱停车给儿童造成了极大的安全威胁。在学校校区规划布局中,应该避免城市主要交通要道在学校周围建设,同时对周围的交通严格管制,限制车速及车流量。儿童友好型校区建设规划中,尽量将人、车分流,鼓励采取步行、骑行等出行方式。完善交通基础设施建设,保障儿童的安全性,保障其不受机动车所威胁。与之对应,我们可以在城市交通优化布局、城市慢行交通系统建设等交通规划甚至于街道设计中充分考虑儿童友好的需求,建设儿童友好交通环境。

3. 注重儿童参与度

儿童友好型校区≈儿童友好型城市≈对所有人友好型城市。建设儿童友好型城市,离不开儿童参与实践,我们应该更多地听取儿童的心声,而不是一味站在成年人的角度思考儿童问题。

因此,应该更多的组织儿童参与市政公共设施、学校、街道、社区等公共空间

9

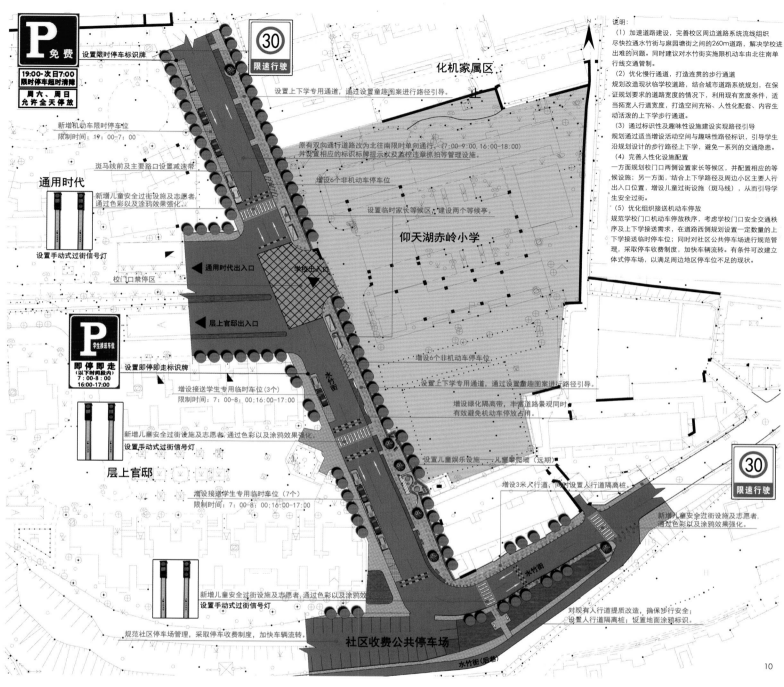

设置限时停车标识牌

设置上下学专用通道，通过设置童趣图案进行路径引导。

原有双向通行道路改为北往南限时单向通行，(7:00-9:00,16:00-18:00)
并设置相应的标识牌提示以及监控违章抓拍等管理设施。

增设6个非机动车停车位

设置临时家长等候区，建设两个等候亭

仰天湖赤岭小学

斑马线前及主要路口设置减速带

通用时代

新增儿童安全过街设施及志愿者，
通过色彩以及涂鸦效果强化。

设置手动式过街信号灯

通用时代出入口

校门口禁停区

学校出入口

层上官邸出入口

增设6个非机动车停车位

设置上下学专用通道，通过设置童趣图案进行路径引导。

设置即停即走标识牌

增设接送学生专用临时车位(3个)
限制时间：7：00-8：00;16:00-17:00

增设绿化隔离带，丰富道路景观同时
有效避免机动车停放占用。

设置儿童娱乐设施——儿童攀爬墙(远期)

层上官邸

增设接送学生专用临时车位(7个)
限制时间：7：00-8：00;16:00-17:00

增设3米人行道，同时设置人行道隔离桩

新增儿童安全过街设施及志愿者，
通过色彩以及涂鸦效果强化。

化机家属区

新增儿童安全过街设施及志愿者，通过色彩以及涂鸦效果强化

设置手动式过街信号灯

规范社区停车场管理，采取停车收费制度，加快车辆流转。

对现有人行道提质改造，确保步行安全；
设置人行道隔离桩；复置地面涂鸦标识。

社区收费公共停车场

水竹街(后巷)

说明：
(1)加速道路建设，完善校区周边道路系统流线组织
尽快拉通水竹街与麻园塘街之间的260m道路，解决学校进
出难的问题。同时建议对水竹街实施限机动车由北往南单
行线交通管制。
(2)优化慢行通道，打造连贯的步行通道
规划改造现状临学校道路，结合城市道路系统规划，在保
证规划要求的道路宽度的情况下，利用现有宽度条件，适
当拓宽人行道宽度，打造空间充裕、人性化配套、内容生
动活泼的上下学步行通道。
(3)通过标识性及趣味性设施建设实现路径引导
规划通过适当增设活动空间与趣味性路径标识，引导学生
沿规划建设的步行路径上下学，避免一系列的交通隐患。
(4)完善人性化设施配置
一方面规划校门口两侧设置家长等候区，并配置相应的等
候设施；另一方面，结合上下学路径及周边小区主要人行
出入口位置，增设儿童过街设施(斑马线)，从而引导学
生安全过街。
(5)优化组织接送机动车停放
规范学校门口机动车停放秩序，考虑学校门口安全交通秩
序及上下学接送需求，在道路西侧规划设置一定数量的上
下学接送临时车位；同时对社区公共停车场进行规范管
理，采取停车收费制度，加快车辆流转。有条件可改建立
体式停车场，以满足周边地区停车位不足的现状。

10

9.儿童友好型校区交通及公共空间
改造规划设计结构图
10.校区周边改造示意图

的新建和改建的前期调研论证以及规划设计，同时明
确儿童在需求表达、方案制订、决策公示和评估反馈
四个关键环节中的参与权力。

四、结语

中国的城市化建设目前已进入稳步发展状态，
建立儿童友好型城市、儿童友好型校区是保护儿童权

益的必要措施。但其发展历程尚短，需要不断从实践
中总结，查缺补漏，从而更好地为儿童提供良好的生
存发展空间。

项目负责人

罗瑶

主要设计人员

谭霓、龚臻、彭芳、冯虎、王鸿超

参考文献

[1]李志鹏.儿童友好型城市空间研究[J].住区，2013，(05)：12-13.

[2]高杰.日本儿童室外游戏空间研究及实践[J].风景园林，2012(05)：
99-104.

[3]赵乃莉.国外"儿童友好型"街区环境设计及启示[D].北京：北京
林业大学，2010：18-20.

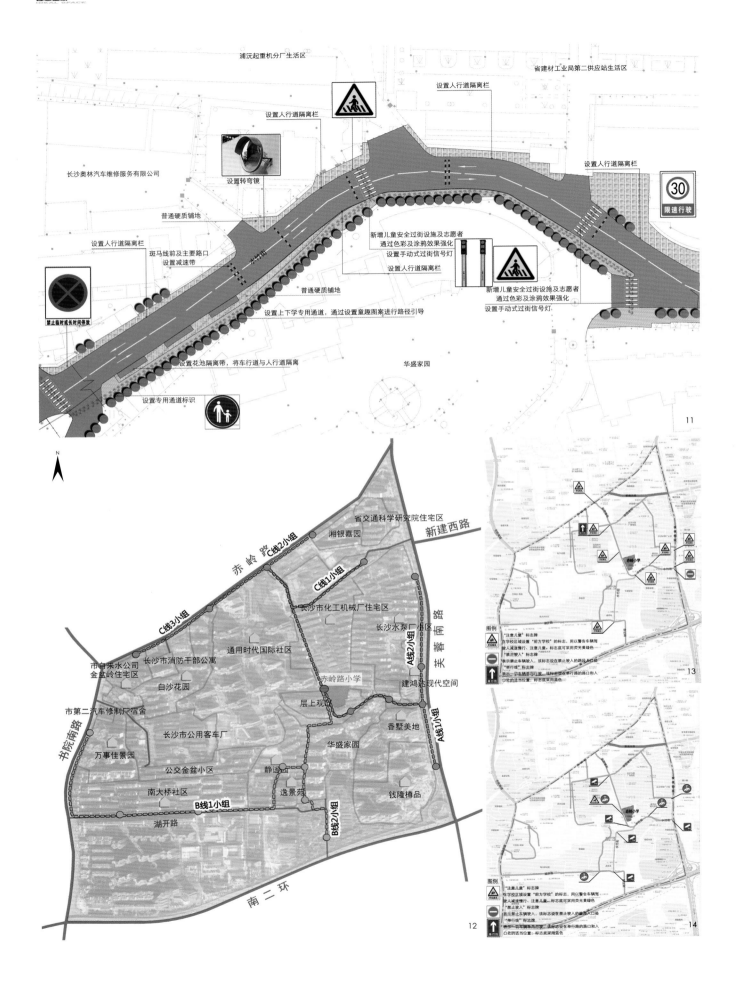

浦沅起重机分厂生活区

省建材工业局第二供应站生活区

设置人行道隔离栏

设置人行道隔离栏

设置人行道隔离栏

设置转弯镜

长沙奥林汽车维修服务有限公司

30 限速行驶

普通硬质铺地

新增儿童安全过街设施及志愿者
通过色彩及涂鸦效果强化
设置手动式过街信号灯
设置人行道隔离栏

设置人行道隔离栏
斑马线前及主要路口设置减速带

普通硬质铺地

新增儿童安全过街设施及志愿者
通过色彩及涂鸦效果强化
设置手动式过街信号灯

禁止临时或长时间停放

设置上下学专用通道,通过设置童趣图案进行路径引导

华盛家园

设置花池隔离带,将车行道与人行道隔离

设置专用通道标识

11

N

省交通科学研究院住宅区

湘银嘉园

新建西路

赤岭路

C线2小组

C线1小组

C线3小组

长沙市化工机械厂住宅区

长沙水泵厂住宅区

芙蓉南路

A线2小组

市自来水公司
金盆岭住宅区

长沙市消防干部公寓

通用时代国际社区

白沙花园

赤岭路小学

建鸿达现代空间

A线1小组

市第二汽车修制厂宿舍

层上观景

书院南路

长沙市公用客车厂

香墅美地

万事佳景园

华盛家园

公交金盆小区

静谧

钱隆樽品

南大桥社区

逸景苑

B线1小组

B线2小组

湖开路

南二环

12

图例

"注意儿童"标志牌
在学校区域设置"前方学校"的标志,用以警告车辆驾
驶人减速慢行、注意儿童。标志底可采用荧光黄色
"禁止驶入"标志牌
该标志禁止车辆驶入,该标志设在禁止驶入的路段入口处
"单行线"标志牌
表示一步车辆单行以驶入,该标志设在置在单行路的路口和入
口处的适当位置;标志底采用蓝色

13

图例

"注意儿童"标志牌
在学校区域设置"前方学校"的标志,用以警告车辆驾
驶人减速慢行、注意儿童。标志底可采用荧光黄色
"禁止驶入"标志牌
该标志禁止车辆驶入,该标志设在禁止驶入的路段入口处
"单行线"标志牌
表示一步车辆单行以驶入,该标志设在置在单行路的路口和入
口处的适当位置;标志底采用蓝色

14

设置标识设施

设置隔离设施

路面材质改造

路径涂鸦标识

过街设施强化

[4]韩西丽, 崔榕娣. 我国城市居住区儿童活动场地建设中的决策机[J].

住区，2013(05)：35-39.

[5]M.欧伯雷瑟·芬柯, 吴玮琼. 活动场地: 城市——设计少年儿童友好

型城市开放空间[J]. 中国园林，2008(09)：49-55.

作者简介

罗　瑶，湖南中规设计院有限公司 主任规划师 注册城乡规划师。

11.水竹街中段改造设计
12.近期主要路径规划
13.交通标志和信号优化总图
14.视频监控布点平面图
15.节点改造前实景图
16.节点改造后示意图
17.节点改造后示意图（近期）
18.节点改造后示意图（远期）
19-20.节点设计效果图

基于安全视角的基础教育交通空间规划解析
Analysis of Traffic Space Planning for Basic Education Based on Safety Perspective

郎益顺　魏　威
Lang Yishun　Wei Wei

[摘　要]　本文首先提出了中小学生通学安全、出行结构和学校周边拥堵问题，进而分析其成因。在对比国内外通学规划、政策及相关研究后，从通学交通空间规划角度入手，提出了步行空间和街区规划、道路稳静设计、学校出入口规划，以及管理措施和交通机具的革新。

[关键词]　安全视角；基础教育；通学交通；交通空间规划

[Abstract]　This paper firstly proposes the present situation such as the safety of attending and leaving school traffic and travel structure of primary and middle school students, as well as traffic congestion around schools, and analyses the causes. After a comparison of road planning methods, policies and related researches for attending and leaving school traffic at home and abroad, this paper proceeds from the view of traffic planning, and carries out researches in 5 aspects, such as road planning for attending and leaving school traffic, road static design, school entrance and exit planning, as well as the innovation of management measures and traffic equipment.

[Keywords]　safety perspective; basic education; attending and leaving school traffic; traffic space planning

[文章编号]　2018-80-A-016

1.中小学门口交通秩序混乱
2.非机动车出行年龄结构图
3.非机动车出行目的构成结构图
4.厦门市PBS规划概念图
5.通学道系统结构示意图
6.小尺度街区理念示意图
7.学校出入口多点分散设置示意图
8.十字路口稳静设计示意图
9.T型路口稳静设计示意图

我国每年共有在读小学生1 752万，初中生1 496万，高中生802万。交通事故每年会导致4 000余名中小学生的死亡。在交通事故导致的伤亡中，儿童青少年是高危人群。同时，中小学门口交通拥挤成为城市长期难以解决的矛盾，校门口交通组成复杂，交通流混杂，安全环境差。仅上海市，每天就有近200万名中小学生需要出行，这样一个大群体的出行，造成了通学和通勤的矛盾突出。为此，部分地区开始研究或规划对通学交通和通勤交通进行一定的分离，设计专属的通学交通体系。但在特大城市和建成区域，完全的分离也是很难实现的，因此，在交通政策，尤其交通空间的设计和组织上，注重营造基础教育的安全环境，改变设计方法，迫切而必要。

一、成因分析

基础教育设施周边的交通安全本应是城市交通的关注重点，但目前相关研究仍然缺乏，相关标准尚未引起重视。总的来看，我们在规划理念、空间分配、标准和政策、交通机具等方面的对基础教育交通的关注是欠缺的。

（1）规划理念：中小学生通学和通勤交通的差异首先表现在交通出行特征方面，包括儿童出行特征、出行强度、上学离家及到校时间、交通方式及接送等，而我国设施和管理忽视通学和通勤交通特征的差异，欠缺对通学方面的考虑，主要按通勤需求设计。

（2）交通空间分配：经过近年来城市交通的迅速发展，城市交通机动化已成为显著特征，机动车占据主体地位，通行空间和停放空间逐步扩大；非机动车逐渐变为劣势和从属，非机动车通行空间被蚕食、通行安全问题突出。

（3）规范和规定：我国交通设施现行规范也未对中小学生通学道路做特殊关怀。我国在通学安全管理方面立法层次单一，立法空间窄，法律支撑薄弱。与中小学生交通相关的现行规范中，《城市道路交通规划设计规范》（GB50220）等城市交通类规范主要考虑城市、片区或各交通方式的整体协调。《中小学校设计规范》（GB50099）等重点关注学校规模、建筑布设等，对学校周边的交通条件作原则性要求，缺乏对中小学生上学交通的深入研究。

（4）交通机具。通学的方式上，虽然近几年普及了校车，但专业校车少、校车车型混杂，而校车完成的通学比例也极低，根据调查，大部分中小学由于学校划片就近入学，要么远要么很近，家长机动车接送、步行是主要方式，尤其是家长在通勤时顺路机动车载送的比例极高，加剧了交通拥挤。在国外非机动车是一种重要的通学方式，但由于交通安全环境差以及独生子女政策的长期执行，非机动车已经很少使用。根据上海市曾做过非机动车调查，学生使用者仅为0.63%，非机动车行目中，通学仅占5%，且主要为大学生。

二、国内外通学规划及政策

1.亚洲

（1）日本

目前，日本全国的道路约120万km，其中有设定通学路的路段约为19万km。日本国土交通省在2007年12月提出的"全国道路中期规划草案"中提到，规划在2008—2017的10年间，要将全国的通学道覆盖率由现在的14.7%提升到68%，并整体改善通学道的品质。

日本通学路的制定方法没有全国统一的标准，而是根据日本文部科学省制定的安全教育参考资料而由各地方自行设定。《日本青森县安全街道条例》从规划设计和政策方面做了以下规定：

①在较宽的道路上，尽可能将人行道与车道分离；

②在道路上，注意道路设计以及植栽的配置与修剪，确保通学道上无视线死角；

③在社区公园及广场，注意休憩家具及康体设施的设置，确保无视线死角；

④若有存在视线死角的场所，要在四周墙面装设镜子；

⑤在通学道附近，设置"儿童·女性110之家"等紧急庇护场所；

⑥通过设置照明设备等设施，确保夜间也能清楚辨识行人的出入；

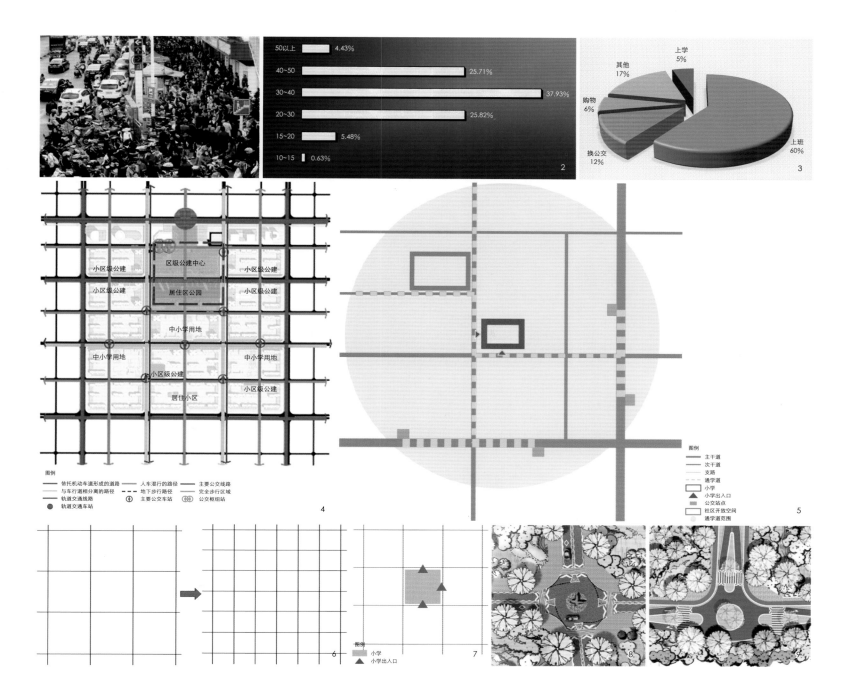

⑦针对地下道等儿童犯罪高发的高危险性场所，设置警铃、监视器或其他报警装置。此外，日本仅在学校周边的道路布置了非机动车道，其它区域则没有，体现了对非机动车使用的鼓励。

（2）中国厦门

厦门市高度重视慢行交通，是全国第一个设立非机动车专用通道的城市自2007年起，厦门市引入"PBS"理念，专门编制和岛内的非机动车交通规划和慢行交通规划。规划把全市划分为慢行单元，考虑把自行车道形成独立的交通网络，首先是在城市规划上的引导，以往两个小区红线之间往往是隔断的，近在咫尺却要绕路而行，现在新审批的小区都要留出通道的位置，设立3~6m的通道，建立自行车专用网络，将与民众日常生活相关的学校和社区、小区和公园之间连接起来。

2. 欧美

（1）德国

德国重视非机动车，在全国、区域、社区等不同层级都规划了非机动车专用路网。德国规划了全国自行车长途专用路网，规划沿鲁尔工业区修建超过100km的自行车高速公路，连接10座城市和四所大学；同时，在社区层级规划了以非机动车为主体的非机动车网络，串联居住区、学校等，供中小学生通学和市民通勤使用。

此外，德国对自行车还有详尽的管理措施：

①自行车驾照：自行车主得经过培训，并通过专业考核、持驾照上路骑车；

②自行车必须有前后灯；

③8岁以下的儿童骑自行车，须走人行道；

④酒后骑自行车。如果喝了酒被警察发现酒精超标，会记录到驾驶历史上的，有无驾照都会记一笔，酒后骑自行车被罚的记录多，有被终身禁考驾照、禁止开车的可能；

⑤带自行车上地铁、火车或公交车：20寸以下小轮折叠自行车，可免费携带上地铁、火车和公交

10.界限分明的自行车道和人行道　　14.路拱式减速带
11.直线式人行横道设计　　　　　　15.分段式减速带
12.全向式人行道和信号　　　　　　16.德国"骑行友好"小镇规划
13.路段减速带

车；20寸以上的自行车上地铁或火车，需要为自行车买票，且部分城市还有时段或区段限制。

（2）美国

在通学路径的规划设计上，美国马萨诸塞州和华盛顿州的学童步行安全设计手册都曾提到以下设计步骤：

①成立安全咨询委员会；

②绘制学区范围基本图；

③调查人行空间的相关资料；

④调查当地交通特征；

⑤设计通学路径；

⑥绘制通学路径草图；

⑦与安全咨询委员会商定通学路径图；

⑧将通学路径图送交学校；

⑨向学校解释通学路径图；

⑩评估通学路径计划。

除此之外，欧美国家在通学交通设施规划设计方面，国外学者们普遍认同学校附近的街道应该划设人行道和自行车道，并且使周边社区的学童可以由此安全地通向学校，此外，可通过特殊铺地、交通标志灯设施，将公共交通、机动车、非机动车与行人的流线明确分离。还有很多学者建议限制经过学校周边的机动车车速。

三、交通空间规划

1. 通学道的规划

改变既有的基础教育出行环境，规划设置通学道提供更高标准的路径和空间是目前主推的方式。以小学为中心，一定半径范围内的区域是通学时段聚集了大量学生家长活动的区域。在这一区域内应设置专门的通学道，优化学校周边通学交通系统结构。理想的通学道规划模式应以学校为中心，在一定半径范围内根据道路层级以及各种人行设施、公共空间、公交站点的组织情况从中小学生的通学路线归纳主要的动线设置为通学道，并对其予以重点优化与管理。

通学道规划主要要点包括：

（1）规划范围。建议在以小学为圆心1.5km半径的范围内规划通学道。

（2）道路层级。中小学生的通学路网一般由城市主干道、城市次干道、城市支路以及居民区巷道组成，应将通学道范围内各个层级的道路人行道串联起来，形成一个连续的步行通学道系统，并优化改善现有通学空间中影响通行的问题。

（3）道路横断面非对称化布置。学校周边道路可选用非对称横断面形式，学校出入口所在的道路一侧，人行道应选用较宽的宽度，使人行道兼顾小型交通广场功能，便于交通集散。

（4）路线选择。在步行通学的零散路线中归纳出数条主要的动线予以重点优化，并建议中小学生选择推荐线路通行。

（5）管理与安全。联结学校周边的居民住家、便利商店、学校周边商店等建立起一条保护中小学生的安全走廊，通过整合学校周边商家等的社区力量，共同监督中小学生通学时的人身安全。

（6）人行横道。人行横道应是人们直线通过，位于离路口较近的地点，并与行人动线保持一致。在机动车与行人、非机动车冲突较大的交叉口，可考虑设置斜向人行横道，并配行人过街专用信号相位。

2. 道路稳静设计

道路稳静设计旨在通过降低机动车车速，使通学道路更适于步行、自行车等慢速交通，同时也可以减少机动车数量，降低交通事故发生率。道路稳静设计要综合考虑行人、非机动车和机动车的流量，街道活动的频率和类型，交通事故的频率和类型，街道宽度，街道临街用地出入口的情况。道路稳静设计的主要方法包括小街区设计、减速带、环交路口、窄路段、弯折设计等形式。

（1）小尺度街区

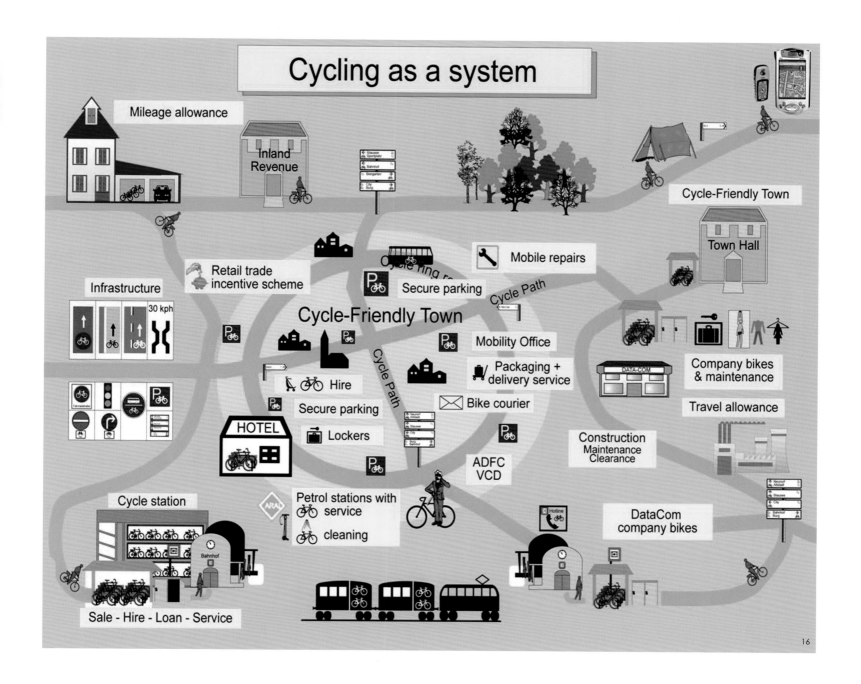

Cycling as a system

街区长度应为75~150m，以达到较高的步行和非机动车通行条件。小尺度街区有利于减少行人横穿马路的动机、降低机动车车速、促进步行或非机动车出行。既有街区若已根据机动车（200~250m）或超级街区（800m及以上）设计，则建议每个100~150m修建街区中段的人行横道和通道，可设立信号灯、高起的人行横道或在人行横道前设置减速带等。

（2）减速带

减速带的形状决定了车辆通过的速度：面积比较大的减速带减速效果更大，路拱式减速带相对于传统减速带具有较大的面积。减速带一般成组设置，间隔100~170m。

在中小学校周边可设置分段式减速带。分段式减速带是指横跨路面设置数个小型减速带，每个减速带之间存在间隔。减速带仅设置在机动车道上，非机动车道空间不设减速带。可破事车辆减速，同时可方便公交车或救护车等大型车辆在间隔处通过，并保证非机动车顺畅通行，提高步行者、横穿马路和骑行者的安全性。

（3）交叉口

学校区域附近交叉口稳静设计，可通过在交叉口设置平顶路拱斑马线和交叉口环形道的组合措施，大型交叉口宜在交叉口中心设置交通岛，小型交叉口

可采用交叉口抬高设计，降低车辆行驶速度，保证学校周边的交通环境。

学校附近交叉口路缘采用小半径，建议曲线半径不超过6m，可将机动车速度控制在15km/h。

（4）车道窄化设计

稳静区内机动车限速为20km/h，通过设置交通引导标志和指路标志，严格避免通过性交通穿过。采用较多的曲线和小转弯半径进行设计，约束和降低机动车速。

（5）道路红线宽度和车道数

交通稳静区内干路红线宽度不超过20m，以双向2车道为主，个别道路最多设置双向3车道，将更

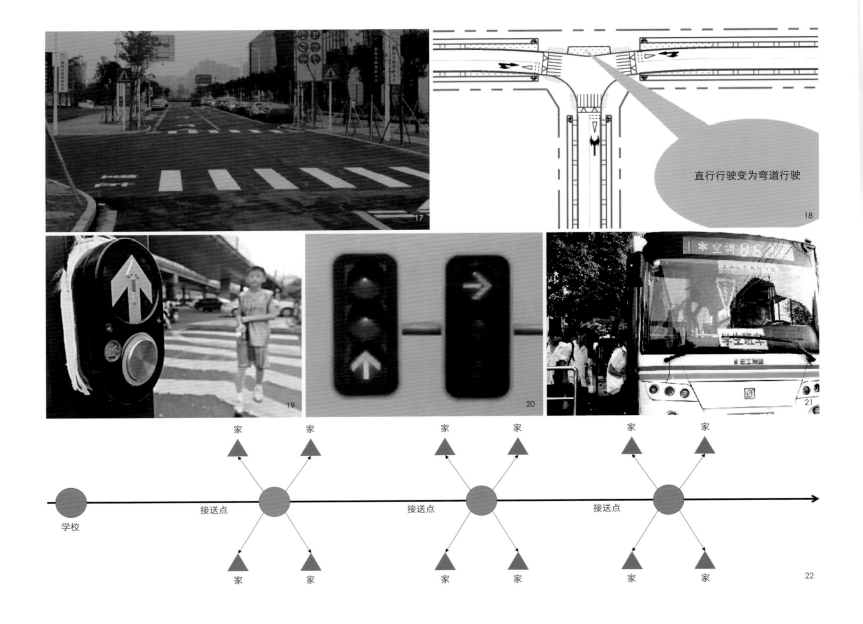

直行行驶变为弯道行驶

多的道路空间留给慢行交通和绿化，营造安静、舒适的交通环境。稳静交通区内部分道路需要设置路边停车，根据两侧用地布局情况，

3. 学校出入口

（1）出入口位置

学校出入口的设置需满足相关的规范。出入口应尽可能设置在支路上，并满足距离与主干路或快速路辅道相交的交叉口不宜小于50m，距离与次干路相交的交叉口不宜小于30m，距离与支路相交的交叉口不宜小于20m。原则上不应设置在主干路沿线、道路渠化段、设置边侧公交专用道的道路沿线、桥梁和隧道引道范围内。

（2）出入口多点分散布置

学校出入口可考虑多点分散布置：在满足出入口设置要求的前提下，在学校沿街的不同道路上设置多个出入口，供不同年级学生上、下学进出学校，分散交通压力，避免交通需求过度集中在单一节点。

（3）协调公交停靠站

学校是人流集中的场所，学校出入口50m范围内应设置公交停靠站。而公交停靠站不宜与人行横道线太近，以保证驾驶人良好的视线，应与人行横道线综合考虑。在道路资源允许的情况下，建议采用港湾式公交停靠站，消除"双重瓶颈"，保证主路交通通畅，提高学生安全水平。

4. 管理措施

学校周边应配备必要的相关管理措施，保障中小学生通行空间和交通安全。

（1）交通管理与控制

信号控制是保障中小学生过街安全的重要手段。一是上、下学期间，学校附近交叉口的行人信号相位应适当延长设置，保证中小学生安全过街。而是学校周边路口宜安装感应式或按钮式的行人信号灯。三是学校周边交叉口在上放学时段还应设置右转专用信号相位，避免右转车辆与过街学生的冲突。

（2）道路管理

对机动车通行、临时停放进行管理和足够的监督。对人行道存在妨碍步行的障碍物进行管理和约束，保证行人顺畅通行，比如报刊亭、修车铺、公交你的自行车安全吗?

大面积反射
车尾灯（红色）
后反射灯（红色）
离地面不高于
600mm
车铃
2个独立作用的车刹
远光灯（白色）
反射灯（白色）
3W/6V发电机
或电池供电
脚踏板反射灯（黄色）
每个车轮上配2个
辐条反射器（黄色）
或反射材料（白色） 23

24

站台、机动车停车等。

5. 交通机具

提升中小学生通学环境，还可从校车、自行车等交通机具角度入手。

（1）扩大校车的范围

①在校车接送线路设计方面。建议形成多级分散体系，适当集中设置接送点。可将接送点设置在社区中心、公共广场等可保证公共安全和交通安全的地点，家长再由接送点将学生接送回家。在接送点处，人行道应适当加宽设计，使其兼顾交通集散功能。

②加大城市公交参与校车的力度。协调统筹校车与城市公交的，将城市公交车集成校车功能，考虑在上、下学等特定时段，在城市公交车上增设学生专用区域。若通学需求量大，还可利用城市公交车开通定制班车，服务中小学生通学出行。此外，考虑恢复城市公交车月票，供中小学生及家长在上、下学期间使用，促进使用城市公交车。

（2）推广自行车的使用

自行车首先要满足一定的硬件配置，自行车必须要有正常运作的刹车、前后灯和车铃，另外还建议骑行者佩戴头盔。特别要配备前后车灯，照明前方道路，并被道路上其他出行者看到自己，避免碰撞，保证夜间行车安全。

用于接送中小学生及儿童的自行车可在满足交通法规的前提下，选用多种形式。

四、结束语

良好的通学交通空间，有利于有助于提高市民归属感、学生健康成长、城市和谐发展本文从通学交通空间规划入手，提出了步行空间和街区规划、道路稳静设计、学校出入口规划，以及相应的管理措施和交通工具。需要指出的是，由于不同城市在文化、气候、地形、机动化水平和城镇化发展阶段等方面不尽相同，通学空间规划设计也需要延续城市传统符号，因地制宜，通过本地化的设计提升本地的通学交通环境。

参考文献

[1]中华人民共和国教育部.普通初中学生数.2017.

[2]中华人民共和国教育部.普通初中学生数.2014.

[3]中华人民共和国教育部.普通高中学生数.2017.

[4]刘艳虹,张毅.八省市中小学生上、下学安全状况调查分析[J].道路交通与安全，2008,8(4):1-10.

[5]杨军,郭向晖,薛春杰.北京市朝阳区中学生道路安全干预效果分析[J].中国学校卫生,2007,28(2):162-163.

[6]郎益顺,蔡明霞,朱伟刚.上海市非机动车交通规划调研报告[R].上海：上海市城市规划设计研究院.2009.

[7]李卉.基于使用者行为模式的广州小学通学道设计研究[D].华南理工大学.2015.

[8]Pucher J, Dijkstra L. Promoting safe walking and cycling to improve public health: lessons from the Netherlands and Germany[J]. American Journal of Public Health, 2003(9):1509-1516.

[9]李威, Ben Welle, 刘庆楠, Claudia Adriazola, Robin King, Marta Obelheiro, Claudio Sarmiento. 设计让城市更安全——创造健康、安全城市的设计指南[R]. 北京：世界资源研究所. 2016.

[10]刘文清, 王有为, 焦华丽, 吴建. 交叉口交通宁静化实践案例分析[J]. 城市道桥与防洪, 2013(12):34-36+7-8.

[11]刘文清, 王有为, 焦华丽, 吴建. 交叉口交通宁静化实践案例分析[J]. 城市道桥与防洪, 2013(12):34-36+7-8.

作者简介

郎益顺，高级工程师，硕士研究生，主要研究方向：综合交通规划、对外交通规划、枢纽规划、设施规划；

魏威，工程师，硕士研究生，主要研究方向：综合交通规划、轨道交通规划、道路交通规划。

17.交叉口抬高
18.T型路口弯折设计
19.按钮式行人信号灯
20.右转机动车专用信号灯
21.上海的学生班车
22."多级分散"校车接送线路设计
23.自行车硬件安全性检查
24.接送中小学生及儿童自行车

基于儿童心理学的儿童户外游戏空间设计策略研究

Research on Children's Outdoor Game Space Design Strategy Based on Child Psychology

宋海宏　裴思宇
Song Haihong　Pei Siyu

[摘　要]　城市中儿童的比例占总人口的1/4~1/3，是人口重要的组成部分，他们的身心健康成长对于家庭乃至国家的发展都是至关重要的，能够在开放的空间玩耍对儿童身心健康发育是十分重要的，尊重儿童并从儿童心理学的角度出发对儿童游戏空间进行设计是设计师的义务与责任。论文旨在从儿童户外游戏空间组成要素之一的儿童公园入手，通过儿童心理学的基本理论与案例的剖析，探索出普遍适用于儿童室外游乐空间的策略，为儿童户外游乐空间设计提供一些参考意见。

[关键词]　儿童心理；儿童户外游戏空间；设计策略

[Abstract]　1/4~1/3 of the proportion of the total population are children in the cities. They are the important components of the population, and their physical and mental health are important for families and essential to the development of the country. What very important to children 's physical and mental health is that they are able to play in open space. Respecting children and designing children's play space from the angle of child psychology is the designer's duty and responsibility. The paper is from the perspective of the children's park which is most commonly children' playground. Through the analysis of the basic theories of children's psychology and examples, aims to explore the general strategies of outdoor play space for children and provides some suggestions for children's outdoor recreation space design.

[Keywords]　child psychology; children's playground; design strategy

[文章编号]　2018-80-A-022

1.南区总平面图
2.北区总平面图

随着城市化的快速进行，居民的住房设施、商业设施进一步扩建，人们在获得越来越多生活便利的同时。也不得不面对室外活动场所的大量流失，天然的儿童场所也在因此大量缺失。同时由于公寓式的住宅环境以及独生子女政策等原因，现在的儿童容易形成孤独、离群、不善交际的性格特点。为儿童营造一个良好的户外游戏场所，使儿童身心健康发展是设计者的责任与义务。儿童户外游戏空间大概可以分成两类（详见表1）。

表1　　　　儿童户外游戏场地分类

序号	术语名称	曾用名称	解释
1	儿童公园	儿童乐园	单独设置供儿童玩耍和接受科普教育的活动场所。有良好的绿化环境和较完善的设施，能满足不同年龄儿童需要
2	儿童游戏场	儿童乐园	独立或附属于其他公园，游戏器材较简单的儿童活动场所

如表1所示，儿童公园相较于儿童游戏场地更为典型，覆盖范围也更为全面，本文将基于儿童心理学的基本理论及优秀儿童公园案例的分析得出儿童游戏空间的优化策略，并将其应用在案例中，旨在为儿童游戏空间规划设计提供参考。

一、儿童心理及其行为特征

1. 儿童心理学理论概述

儿童心理学（child psychology）是研究个体从出生到成熟（0~18岁）期间，心理与行为发生规律的科学。儿童心理学在发展研究过程中先后提出了多个理论观点，主要有：心理分析观点、行为主义和社会学理论、皮亚杰的认知—发展理论、信息加工论、习性学和进化发展心理学、维果斯基的社会文化理论、生态系统理论、动态系统观等。其中行为主义和社会学理论，主要强调后天的环境作用和影响。该理论支持后天环境的改善会对儿童的行为心理塑造有更明显的积极作用，因而从理论上支持了儿童游戏场所规划设计需基于儿童心理发展的科学性和必要性。儿童在成长过程中会受到家庭、学校、社区等环境因素影响。在社区环境方面，儿童游戏空间是十分重要的。

2. 儿童群体划分

（1）年龄划分

联合国《儿童权利公约》的儿童年龄层段划分规定是0~18岁。医学界依据人体特征的发展情况，以0~14岁的儿童为儿科的研究对象。在心理学上，研究者们根据研究的需要和可操作性，将儿童的年龄按照如下的阶段进行划分，每一个分期均以新的技能和社会期望的不同作为重要的过渡标志。胎儿期：从受孕到出生。儿童早期：2~6岁；儿童中期：6~11岁；青少年期：11~18岁。考虑到儿童室外活动的具体情况，这里针对儿童早期与儿童中期两个阶段（即2~11岁）年龄范围的儿童作为研究对象，来探析这一群体在户外游戏环境中受到哪些外界因素的影响。

（2）性别划分

儿童在成长过程中性别意识大概可以分为三个阶段，即模糊期、敏感期、分化期。儿童处在性别意识的不同阶段会表现出行为意识的一些差异，在2岁以前处在模糊期的儿童对性别比较模糊，不易分清自己与他人的性别。随着时间的推移，儿童在认知上能力逐渐具象化，可以根据他人的外貌和声音去分辨性别。当儿童处在分化期时，男孩和女孩则在行为上表现出很大的不同，在心理学上男孩在这个时期更具有优越感，行为上更加喜欢具有外向、刺激、宽广特征的环境。女孩们则更偏爱低耗能的活动如过家家。

（3）儿童生长发育尺度变化

了解儿童在成长过程中的形体特性是为儿童营造娱乐空间的基础，儿童的成长发育是个连续的过程并没有严格的界限身高尺度（详见表2）。

表2　　　　不同年龄儿童身高尺度

年龄	身高	年龄	身高
3岁	93cm	6岁	112cm
8岁	122cm	10岁	132cm
12岁	149cm		

随着儿童身体的成长，儿童的活动范围也逐渐增大，德国的城市规划指出，婴幼儿的活动场地应该设在父母周围，适合学龄儿童的游戏场地范围应为方圆300~400m，而12岁以上的儿童身高约在1.5m左右。因此，儿童户外活动场地的长度和宽度应在1m以上，在大龄儿童较多的场地中，每个儿童的使用面

积应满足 2.5m² 以上。以上数据可作为儿童公园规划设计中划分不同年龄区间儿童活动范围的基础。

　　（4）儿童户外行为特征

　　营造最适合儿童活动的室外空间不仅应对儿童心理进行分析，最重要还应分析儿童行为与空间环境的相应关系。不同年龄段的儿童能力不同，与环境以及周围人的关系也不同，在体能、智力、社交能力等方面都有着显著区别，根据儿童心理学及对于儿童的观察研究，可将儿童游戏分为4个类型：

　　①功能性游戏；

　　②创造性游戏；

　　③假装游戏（象征性游戏）；

　　④规则性游戏。

　　其中功能性游戏主要出现于婴幼儿时期并占据主导地位，规则性游行则要到儿童进入小学时才可能出现，而假装游戏对学前儿童而言具有特殊的吸引力，在学前阶段居主导地位。

　　儿童在进行游戏时还具有以下三点特征：

　　①同龄聚合性：年纪相近的儿童更喜欢集中在一起娱乐玩耍。因此在规划儿童室外游乐场所时应特别注意将不同年龄段的活动区域进行分割。

　　②自我中心性：这种特征在学龄前的儿童表现最为明显，这部分儿童喜欢以自己的尺度为衡量去感知外界环境并且用自己无拘束的方式去表达。在针对这部分进行规划设计时应尤其注意对场地安全性的考量，同时应布置柔软可亲的景观设施如草坪、小沙坑等。

　　③活动依赖性：儿童在进行活动行为的时候对于空间环境的依赖性具有很高的要求。儿童尤其依赖相应的需求能得到充分满足时所产生的空间。通过建立友谊关系的模式去吸引儿童的依附是儿童公园规划的最终目的和最理想结果。

二、儿童户外游戏空间案例分析

1. 北京奥林匹克森林公园儿童公园规划设计

　　北京奥林匹克森林公园儿童公园坐落于北京奥林匹克森林公园内，整体呈南北分区。

　　该设计尊重儿童的心理特点，根据儿童年龄对场地进行划分（详见表3）。

　　除此之外少儿下沉滑冰场是针对七岁以上儿童。该年龄段儿童有一定的自我控制能力，开始有意识地参加集体活动和体育运动。因而，布置活动量较大的冒险型活动设施，下沉广场也是一种人工景观，让儿童从中体味运动的乐趣，学会挑战自我。而少儿趣味运动场的设置则为喜欢滑板及滚轴

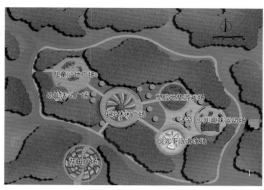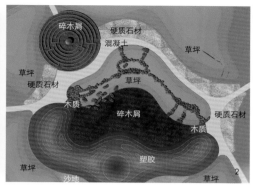

表3　　　　　　　　　　　北京奥林匹克森林公园儿童公园规划分析

针对年龄	设计特点	具体设计
3岁以下儿童	年龄偏小的幼儿不能有意识地调节和控制自己的活动，但可在父母的陪同下进行最初的游戏活动。因此选用智力型、体力型活动设施，如木质平台、沙坑、转盘等	
3~6岁儿童	3~6岁儿童开始学会应用一些简单器械，圆形场地中心为大面积沙池，设置3组木构设施，均由1.2m见方的木质平台构成，平台的形式分为台阶状、网状、桥状或边框状，这些平台彼此相连，结合绳索、滑梯、沙台等结构，使得三部分联系在一起，锻炼了儿童团体协作能力	
6~10岁儿童	此区域平坦宽敞，配备了大型活动器械，同时用橙色塑胶地垫铺地欢快明亮。同时橡胶铺地保证了儿童安全	
花坛休闲广场	彩色花坛为主景的广场周围配备休息廊架，不仅为家长提供了休息空间，同时还一个重要交通枢纽。花坛的种植以色彩艳丽为主要风格，给孩童带来视觉冲击	

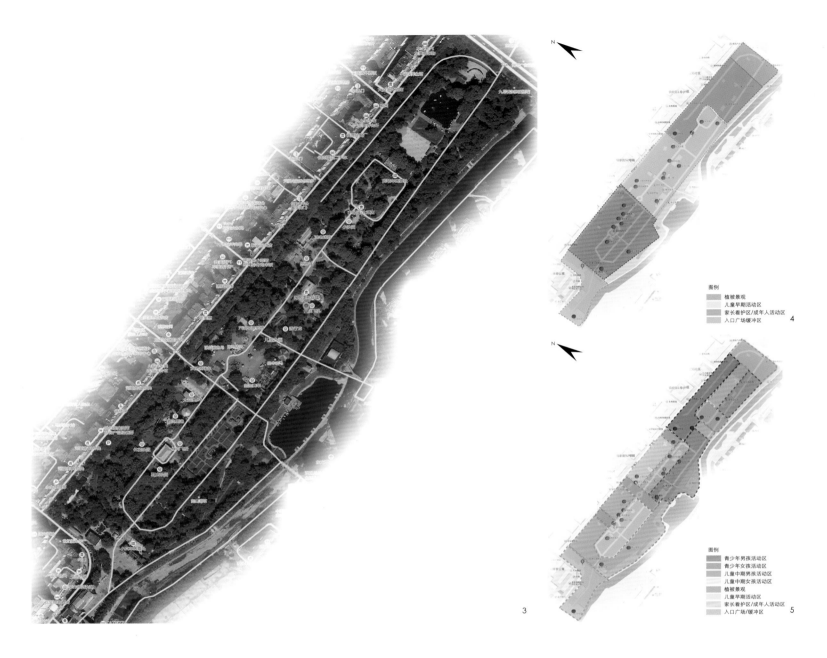

3

图例
植被景观
儿童早期活动区
家长看护区/成年人活动区
入口广场/缓冲区
4

图例
青少年男孩活动区
青少年女孩活动区
儿童中期男孩活动区
儿童中期女孩活动区
植被景观
儿童早期活动区
家长看护区/成年人活动区
入口广场/缓冲区
5

的孩童创造空间，适合于10岁以上喜欢冒险，又敢于尝试的少年，同时考虑到儿童的安全，小U管、趣味盒及双坡的高度都低于1.5m。

北区依据地形分成动静两区，两区之间用植物进行分割。动区位于场地南侧，安排了四个主要活动带，从北到南分别有植物山体带、碎木屑铺装带、塑胶铺装带及沙地铺装带。北区同样根据儿童的不同年龄及性格进行划分，并以植物组织空间，同时考虑监护人活动场地。静区位于场地北侧，山丘地形种植花草树木将动区的喧闹隔离，营造一片安静的氛围，有代表神秘艺术的小型迷宫，还有结合音乐石、音乐架形成听觉感受区，设施配备主要有平衡杆、天然编钟、各种石组、智慧迷宫等，面向性格喜欢安静的儿童。

2. 哈尔滨儿童公园

哈尔滨市儿童公园位于哈尔滨城市的繁华区，东西长1 000m，南北宽约210m，为狭长带状公园，公园总面积19.7hm²。公园有东西南北4个出入口，主要出入口西大门位于城市主干道果戈里大街；东大门位于大成街，面对一所小学；南门面向马家沟河，出入口人流量相对较少；北门位于龙江街口，主要面向居住区，人流量相对较多。

哈尔滨儿童公园始建于民国十四年（1925年），有九十多年的历史，承载了几代人的童年回忆，并在1997年被命名为哈尔滨市德育教育基地和社区教育基地，是一个为广大少年儿童服务、有益于少年儿童身心健康的公园。也是哈尔滨市唯一一座为广大少年儿童服务的专业性公园。园内现有儿童火

车、豪华碰碰车等26项游乐设备。

哈尔滨儿童公园游乐设施虽多，但设施布置较为松散，并没有形成系统的格局，但是在主入口（西入口）的设计上还是有很多可取之处的，在入口的设计上运用饱和度比较高的色彩及可爱的小蘑菇形象，能够很好地抓住儿童视线，而且也能很好的表明场地的使用功能，很好地突出"儿童"这一主题。

儿童公园内的景观设施也比较符合儿童亲自然喜欢明丽色彩的心理，紫色的路灯、蘑菇形状的凉亭以及树木搭接形成的廊道，可以很好地吸引儿童的注意力，达到为儿童服务的目的。

同时在儿童游乐设施的设计上也充分考虑了儿童心理以及尺度，儿童好模仿，特色小火车及轨道以及缩小版的"北京站""斯大林公园"等都会大大增

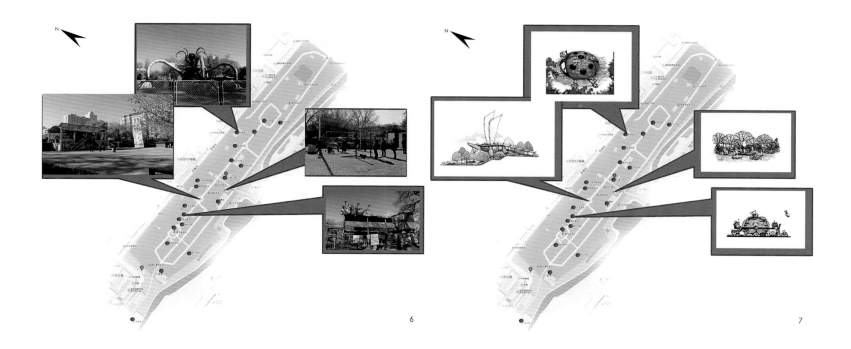

加儿童玩乐的兴趣。

哈尔滨儿童公园虽然有属于自己的特色，但在儿童公园的规划设计上却缺乏空间组织，表现在游乐器械简单堆砌、游戏与观赏空间划分不明确、植物景观过于单调等问题上，也没有依照儿童的年龄对儿童游乐空间进行划分。儿童公园规划设计应符合儿童心理及生理特点，忽视儿童心理的游乐空间不仅缺乏对各个年龄段儿童的吸引力，严重时甚至还会导致儿童安全受到威胁。

三、策略优化总结与总结

通过儿童心理学的分析及总结上述案例，不难发现在规划设计儿童户外游乐空间时有以下准则：

（1）安全要素；
（2）适龄要素；
（3）性别划分要素；
（4）色彩及构筑物形象要素。

结合以上准则以及哈尔滨儿童公园存在的问题对哈尔滨儿童公园提出优化策略如下。

1. 划分适龄活动区

哈尔滨儿童公园总平面呈狭长状，虽19.7hm²，东西向长达1 000m，然而却没有对不同年龄段的儿童活动空间进行合理划分，根据儿童的心理特点，同龄人一起活动不但可以使彼此玩得更加开心，而且大大利于儿童心理健康的发展以及友谊的形成。考虑到低龄儿童的活动力以及公园东门毗邻小学等原因，现将公园根据年龄划分活动区域。

2. 根据性别对活动区进行划分

儿童在性别分化期之后会出现因性别而产生的不同的心理变化，好动好静各有不同。儿童又是好动的充满好奇心的，他们的自我保护意识往往不足，因此在玩耍时应有监护人陪护以保证他们的安全。同时适量的植物景观不仅可以起到分割功能空间的作用而且互相围合的空间又能给儿童带来安全感，也会使景观变得丰富。

3. 优化游乐设施

哈尔滨儿童公园历史悠久，然而也伴随着游乐设施年久失修褪色及部分形象老化不能迎合儿童心理等现象。因此采取以下改造策略。

生动活泼色彩鲜明的儿童游乐设施可大大提高儿童公园的吸引力，也是儿童公园规划设计中十分重要的因素。

四、结语

一个优秀的儿童游戏场地设计，不仅是儿童公共活动的场所，也是能充分体现社会对于儿童关爱的场所，契合儿童心理的儿童游戏空间设计，不仅可以带来经济效益，更是设计者对于儿童关爱的最好表现。

参考文献

[1]李运生.张杰.黄涛,儿童公园设计研究 [J].绿色科技，2012(5):97-98.

[2]沈员萍.王浩,基于儿童心理学的儿童空间主题空间研究：以福州儿童公园为例[J].南京林业大学学报（人文社会科学版）2012(4):92-96.

[3]潘建飞.陈凯怡,基于色彩儿童心理学的广州儿童公园硬质景观分析[J].广州市儿童公园，2016(5):9-14.

[4]胡洁.吴宜夏,安迪亚斯·路卡,赵春秋,北京奥林匹克森林公园儿童乐园规划设计[J].风景园林，2006(2):58-63.

[5]林娜,基于儿童心理及其行为特征的儿童公园设计研究[D].广州：华南理工大学，2015:6-15.

[6]庞松龄.洪丽,车代弟,哈尔滨市儿童公园入口区景观改造探讨[J].现代农业科技，2011(3):243-245.

作者简介

宋海宏，硕士，东北林业大学副教授；
裴思宇，东北林业大学，硕士研究生。

3.哈尔滨儿童公园卫星图
4.根据年龄划分场地策略图
5.根据性别划分场地策略图
6.场地现有部分游乐设施图
7.优化设施手绘意向图

专题案例
Subject Case
社区型儿童活动空间
Community—based Children's Activity Space

社区儿童景观的视觉感知研究
——以长房云时代儿童体验区为例

Study on Visual Perception of Community Children's Landscape

颜 佳 郑 峥 郑红霞
Yan Jia Zheng Zheng Zheng Hongxia

[摘　要]　本文从儿童行为心理学的视角，根据一个成功的儿童社区项目案例，对当下社区儿童景观的视觉感知进行研究。首先在心理学范畴内分析了关于儿童户外活动的行为心理和心理需求。进而通过上述研究，分析社区儿童景观建设中各景观要素对儿童视觉感知产生的健康引导，包括色彩与形体两方面的研究。最终，通过长房云时代儿童体验区实例的介绍，试图总结在儿童社区景观项目中体现有助于儿童成长的视觉感知的方式方法，为不同年龄阶段的儿童创造情景式游戏场所的同时提升儿童的美感认知。

[关键词]　社区儿童景观；行为心理；视觉感知

[Abstract]　Based on behavioral psychology, this paper evaluates a case study on the landscape perception of children in a successful community project. Firstly, this study evaluates psychological aspects in outdoor recreational activity preferences of children. Environmental experiences, including color and form can influence their environmental attitudes and behaviors. The case study introduces the ways and means to promoting the growth of children's visual perception within a community landscape project. At the same time, creating situational playgrounds for children of different ages can also help to promote growth in their aesthetic perception.

[Keywords]　Community Children Landscape; Behavioral Psychologyl Visual; Perception

[文章编号]　2018-80-A-026

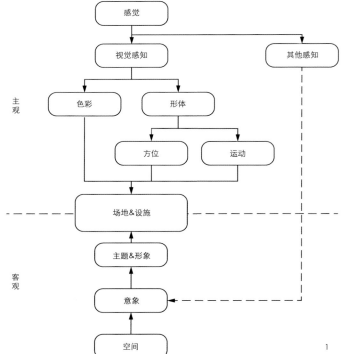

1

1.儿童认知过程中主观感觉与客观意向的关系图
2-3.故事游戏线设计图

一、儿童户外活动的行为心理的研究背景

在我国快速城镇化的进程中，粗放的发展导致城市中可供儿童使用的户外公共空间越来越有限。另一方面，过于严格的家庭教育也降低了儿童户外活动的频率，大量儿童被局限于室内活动。根据我国《0~6岁儿童生长发育标准与养育指标》，儿童从第六个月起每日应有不低于1小时的室外活动时间，另外一些相关指南更是指出，幼儿每天的户外活动时间一般不可少于2小时。然而，根据中国儿童中心等机构的调查数据，我国儿童户外活动时间已远低于许多发达国家及国际组织的推荐值。

户外活动对于儿童成长有着重要的意义，适当的户外阳光可以促进儿童骨骼的生长，频繁与泥土和植物接触可以让儿童全面地认知并形成完整的世界观。在有限的城市公共空间中，社区空间更适合从儿童的角度进行设计和研究，相较于大型的公共空间，社区空间具有良好的可达性，是儿童活动最频繁、最容易接触的场所。儿童相对成人来说，生理和智力的发展还处于初期阶段，受生活经验、社会因素影响少，更能体现潜意识和无意识行为的天然性。这就需要我们换一种角度来思考社区设计中关于儿童游乐环境营造的问题。

以往的社区景观设计，往往没有结合儿童的行为特点和心理活动需求，生硬地划出一片孤立的区域，浪费了空间和资源却没有达到良好的效果。针对上述问题，儿童行为心理学作为一门从儿童角度专门研究儿童活动特征和心理活动的科学，是适合作为社区儿童景观设计的理论依据之一。社区儿童行为心理的研究将有利于了解儿童对社区户外空间感知的要素，从身体和心理等各个角度营造适合儿童健康成

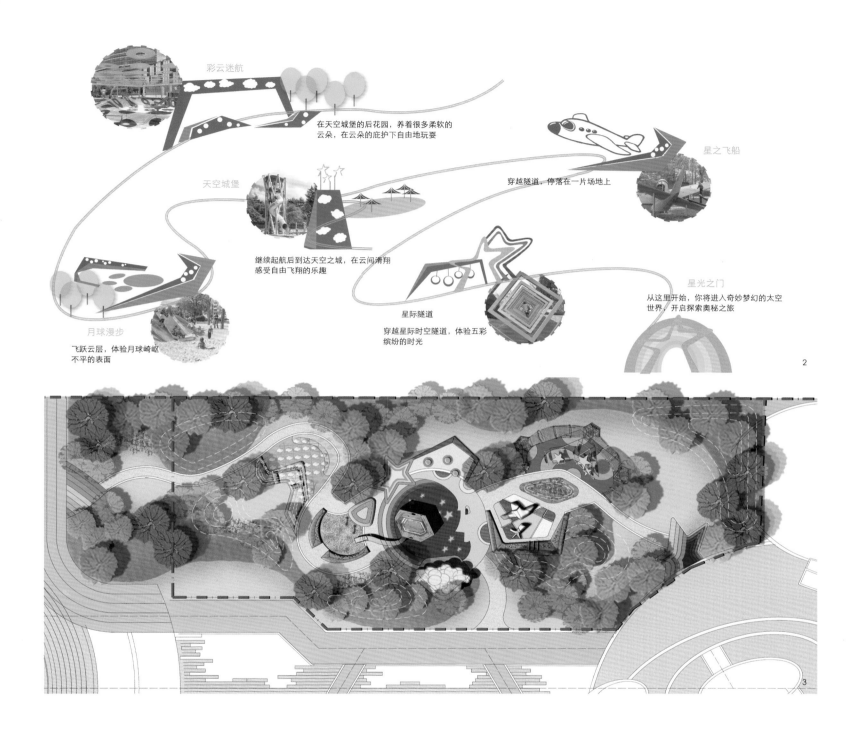

彩云迷航

在天空城堡的后花园，养着很多柔软的云朵，在云朵的庇护下自由地玩耍

星之飞船

天空城堡

穿越隧道，停落在一片场地上

继续起航后到达天空之城，在云间滑翔感受自由飞翔的乐趣

星光之门

从这里开始，你将进入奇妙梦幻的太空世界，开启探索奥秘之旅

星际隧道

穿越星际时空隧道，体验五彩缤纷的时光

月球漫步

飞跃云层，体验月球崎岖不平的表面

长的社区景观。

二、儿童社区景观中的视觉感知要素

关于心理学研究指出，感觉指个体借助感觉器官直接反映作用于它的客观事物个别属性的过程，在设计领域与之相对应的是空间给人的意向。感知意向是客观事物通过视觉器官在人脑中的直接反映，人和动物通过视觉能直接感知外界物体的形态、明暗、体积、色彩、动静等对生命体具有重要意义的各种信息。通过不同景观感知要素，如形态、体量、色彩等特点，设计出具有不同特点的景观要素，对于儿童来讲尤为重要。儿童对环境的反应比成年人更为直接和活跃，他们总能发现高低、远近、软硬、明暗的概念。而他们用来探索这些概念的客观物体则又能激发他们的想象力并强化他们的学习乐趣。

1. 色彩知觉

色彩是视觉感知的重要知觉，儿童在没有形成完整的自然观的时候，对于色彩的知觉是相当敏感的。儿童喜欢缤纷的色彩胜过平淡无奇的活动空间，大量关于儿童产品的研究表明三原色或对比色的搭配比较适合儿童的视觉心理，也能影响到儿童的色彩记忆。各个时期的儿童对色彩的辨别能力有所不同，如1岁大的宝宝能注视3m远距离的物体，并能辨认出这些颜色。2~3岁时，儿童的视觉发育已经成熟，观察较大体积的物体同时还会注意发现一些细节和差异。婴幼儿期的儿童已经有自己的颜色偏好，一般喜欢红色、橙色、黄色、绿色等鲜艳色彩。而7~12岁的儿童的视觉发育早已成熟，但是要吸引视觉注意以

4.光影的视觉感知：彩云迷航
5.生动的造型有助于提升儿童的艺术感和审美感
6.彰显主题、具有良好可达性的场地入口
7.以月亮形象抽象几何图形的游戏设施：月光秋千
8.提供重力落体感知的游戏设施：天空城堡

及提高视觉反应能力，需要外界环境的多方位刺激，此时对儿童进行色彩认知培养，有助于智力的开发。值得注意的是，成人往往对于儿童色彩的偏好带有偏见，例如，男孩子应该喜欢蓝色，女孩子应该喜欢粉色，这样的偏见对于儿童成长没有任何益处，也限制儿童对于颜色的全面认知，这是设计师在设计中应该注意的问题。

2. 形体知觉

形体是儿童获取知觉的另一种空间要素，儿童空间概念的获得和集合概念的学习是密切相关的。空间知觉是儿童在生活经验中逐渐获得的，处于空间敏感期的儿童如果没有得到空间环境的良好反馈，其成长会受到很大的影响，包括日后空间方位辨识能力，洞察力和视觉记忆能力都会受到影响。

儿童对形体的知觉包括物体方位的知觉（上、下、左、右、前、后、里、外等），对距离（远、近）、二维图形、三维形体之间的关系和图形变化的洞察和知觉。儿童发育早期对物体是平面图形的认知，他们一般都能辨认正方形、长方形、圆形、三角形等，逐渐对于有体量的事物有了基本认知，他们总是可以将具体事物与抽象的图像相联系，带给儿童更直观的心理感受。在这一过程中，儿童往往会将几何图形与实物联系起来，如太阳与圆形、门与长方形、屋顶与梯形等，所以在设计中往往要对形体的主题加以抽象。

儿童对于三维立体图形的感知，几乎是与平面几何图形同步发展的，在非同一平面上的点、线、面

及组合的形体中获得直接的感知。对于形体的感知，儿童主要通过观察、触摸、拾取、移动等手段获取空间知觉。通过这些动作，物体的方位不断变换，产生运动的轨迹，使空间知觉逐渐转化为空间概念。在这一过程中，空间方位由绝对化过渡为相对化，他们逐渐了解物体之间的相对关系。

三、儿童视觉感知在社区景观设计中的应用

以往传统的社区景观设计之所以缺少对儿童的关怀，很大原因是成年人对儿童活动空间的概念有所误解。从成人的视角，往往只注意到儿童嬉戏的表象，却没有看到对其身体和心理方面的健康成长具有促进作用。所以，为了营造健康成长的环境，身为设计师必须要尽量从儿童的角度来看待周围的环境，从儿童的行为习惯来组织空间。进而从空间的形体认知出发，通过赋予主题取得形象的感知，来适应儿童从自然中的实物去抽象几何形体的心理习惯。同时增加有助于儿童认知的活动设施，通过物体或自身的运动进一步使儿童获得自然科学常识，这些运动包括常见的钟摆运动、抛物运动、自由落体等。最终，通过对材质和颜色的把控，全面系统地提供视觉感知环境，并补充视觉感知与其他知觉的通觉感知。

长房云时代儿童体验区项目位于湖南长沙岳麓大道以北200m，面积约2 000m²，其中乐园面积约460m²。项目距离长沙西二环3km，立体网状交通，城市主干道、快速干道环绕，通达全市。项目设计结

合儿童行为心理学研究和教育理论的支持来规划儿童活动空间，从1~12岁不同年龄段的儿童行为以及心理出发，充分考虑不同的儿童户外活动的生理需求与心理需求，以及随行家长的休息与看护需要，打造艺术化探索型的儿童游乐空间，体现了视觉感知在儿童景观设计中的重要性。长房云时代儿童体验区项目对于儿童的年龄划分为四个阶段，分别是幼儿（1~3岁），学龄前（3~5岁），低学龄（6~8岁），高学龄（8~12岁）。根据儿童年龄段分类结合不同年龄段需求，给予了不同的设计服务功能，乐园以天空为设计元素，打造以星光之门、星际隧道、星之飞船、天空城堡、月球漫步和彩云迷航为故事游线的儿童主题乐园——天空乐园，让孩子在游戏中探寻天空的奥秘，拥有自己的秘密基地。

星光之门作为该项目的主入口，在形体上运用五角星形与拱形的结合，色彩上黄色的星星与彩虹桥的色彩结合形成了鲜明的入口标志，强烈的色彩对比吸引着儿童们的注意力，提高了场地的可达性。强烈的形象象征着进入奇妙梦幻太空世界的开端，也是开启儿童探索欲望的起点。

星际隧道主要呈现星空主题，该功能区的主要设计设施服务于低学龄6~8岁的儿童，他们偏好于合作性游戏，如角色扮演、攀爬、滑梯等。其中星际迷航游戏设施是以星形为设计元素，通过绳网连接，形成可攀、可爬、可走，高低错落、充满探险意味的趣味空间。相比于传统的秋千，月光秋千采用了新型轻质材料和柔光技术，通过柔和的荧光和圆形的形体表达月亮的意向。月光秋千设计基于

原有秋千的游戏原理，突破了人们对秋千形体的一般认知，迎合园区设计主题。以月亮形状为设计元素，同时考虑人们对夜间游憩需求的逐渐增加，使用低压电源，节能环保，融合了蓝色柔和的灯光效果，且发光颜色多变、可调光、可控制颜色变化、可选择单色和RGB渐变，带给环境多彩缤纷的视觉效果，从而通过一种装置实现了从形象到抽象到运动再到色彩的全面视觉感知。

星之飞船以飞机为设计元素，包括星空飞船和飞机趣味性跑道两个活动空间。星空飞船的造型设计化繁为简，孩子们通过"悬梯"爬入机舱内部，再滑落到地面来感受重力与失重的转换，形象地模仿飞行员的动作。设施材料采用了芬兰木、镀锌钢，牢固稳定，具有可靠的工艺技术。这样的处理方式在保证安全的同时也大大满足了孩子们对于飞机构造的好奇心，明快的蓝色与黄色的结合营造出童话的氛围。

天空城堡是全园的核心区域，主要服务于高学龄儿童，这个阶段的孩子对于色彩和形体已经有了一定的认知能力，他们的想法充满创意，喜欢具有激发他们冒险精神的游戏项目，天空城堡恰巧满足了他们的综合需求。天空城堡的功能主要包括彩虹铺地、异形座椅、天空城堡主题游乐（包括滑梯，攀爬）、月亮造型铺地、蹦蹦床、云朵售卖亭，其中整个城堡主题设施以天空与星星的色彩为主要基调，月亮与星星的形体作为中心标志在城堡顶端显而易见，有较高的辨识度。色彩、形体与功能上密切结合，使儿童体验到达天空之城后在云间滑翔感受自由飞翔的乐趣。

月球漫步区适合1~6岁的儿童，该年龄段的儿童对于事物认知处于启蒙阶段，语言与行走能力也处于培养阶段，甚至许多儿童更愿意用爬行的方式接触自己爱好的事物，对玩具、平衡性类的游戏方式更感兴趣，如沙土沙坑、摇摇椅等。为了保证儿童活动的安全，同时为了吸引儿童对于场地的亲近感，场地采用了彩色塑胶材质铺装地面。传声筒是该场地最受儿童欢迎的游戏设施之一，它是一种可改变音频、音色、音调的传声装置，这种互动性装置从形体上采用了喇叭的形状，生动有趣。同时，传声筒运用了一种特殊的传声方法，它能够接受用户在第一个传声筒开口输入的声音，并识别这种声音将其进行变声或改变其尾音，处理完成后又将该声音传输至另外的开口，使另外开口处的孩子可以听见，这在功能上满足了儿童与儿童、儿童与大人的交流互动，通过该游戏装置可以进一步提升儿童与外界事物的交流能力，激发该年龄段儿童的语言潜能。

彩云迷航是全园故事游线的最后一个节点，该区域主要服务于学龄前3~5岁的儿童，该年龄段的儿童善于参与联合性游戏但无明确组织性。彩云迷航包括摇摇椅、彩色地垫、钻洞、阳光大草坪、跳房子、异形塑胶坡地、云朵廊架等活动空间。其中云朵廊架的特殊形态有别于传统廊架呆板的设计风格，廊架支撑起若干个黄色云朵位于场地上方，极大的开放性使得儿童们十分喜欢流连于此，感受阳光照射云朵廊架后，在地面上呈现的云朵状的影子，结合光影营造出丰富多变的视觉感知。

四、情景艺术和美感提升

户外活动是儿童独特的学习方式，社区的活动场地为他们打造了这样一个带入式的视觉感知场景，如崎岖的、高低错落的地形情景，激发儿童探索欲望；垂直向上的攀爬情景，刺激着儿童发现视线以外的欲望。儿童也正是在游戏情景中通过他们的眼睛所看到的事物，逐渐培养着他们独立的社会性特征，从而学会了语言表达，学会了如何和别人

成为朋友，学会了遵守规则，学会了服从、取舍与利益牺牲。这些特征只有他们在各种游戏情景中自己去亲身体会。儿童直观的视觉思维更要求设计者设计出可情景再现的儿童活动设施，并且需要满足各个年龄阶层儿童的视觉感知的需求，从而引导并提升儿童美感认知。

审美是人类在活动过程中伴有愉悦感的视觉感知，对于"美"的观念，往往是在儿童时期形成并发展的。视觉作为最直观的感知之一，能够促使儿童产生不同的情绪和心理变化，所以，社区儿童户外活动空间直接影响着儿童审美观念的形成和成长。在社区儿童景观中，对色彩和形体上进行有效组织，对培养儿童的审美能力具有重要的意义。

作者简介

颜　佳，深圳奥雅设计股份有限公司，研发中心负责人、奥雅设计与管理学院秘书长，博士研究生；

郑　峥，深圳奥雅设计股份有限公司，研发中心研发助理，硕士；

郑红霞，深圳奥雅设计股份有限公司，研发中心研发助理，硕士。

9.锻炼方位感的游戏设施：星际迷航
10.提供重力落体感知的游戏设施：天空城堡
11.提供不稳定动态视觉的游戏设施：星之飞船
12.锻炼方位感的游戏设施：星际迷航
13.提供不稳定动态视觉的游戏设施：星之飞船
14.结合听觉提供视线以外物体的感知：传声筒
15.以月亮形象抽象几何图形的游戏设施：月光秋千

广州市天河区儿童公园修建性详细规划
Detailed planning for children's Park in Tianhe District in Guangzhou

陈智斌
Chen Zhibin

[摘　要]　根据广州市城市规划建设的部署要求，按照"科普为主、各具特色、各有精彩"的原则，全市将建设不同主题的儿童公园。天河区位于广州市老城区东面，是一个具有高速经济发展、雄厚科技力量和丰富人文资源的新区。因此，把天河区儿童公园建设成为儿童的科普园、欢乐园，并打造出幸福生活演绎区的目标，使天河儿童公园作为天河区的重要景观形象。项目突出"两个新"的规划思路，考虑儿童活动多样性需求和项目落地性，结合山地特色和存量设计，从概念规划经过修规，再到工程实施完成项目，于2015年6月1日顺利开园，得到社会各界赞誉与肯定。

[关键词]　存量改造；儿童特色；山地设计；综合开发

[Abstract]　According to the requirements of the deployment of urban planning and construction in Guangzhou, according to the principle of "popular science, each characteristic and excellent", the whole city will build children's parks with different themes. Tianhe District is located in the east of the old city of Guangzhou. It is a new area with high-speed economic development, strong scientific and technological strength and rich human resources. Therefore, Tianhe District children's Park is built as a popular science park and happy garden for children, and the goal of a happy life deduction area is created to make the Tianhe children park as an important landscape image of Tianhe District. The project highlights two new planning ideas, considering the diversity of children's activities and the project landing, combining with the design of mountain characteristics and stock, the project was completing from the concept planning to the project, and then to the in the June 1st 2015, and it got the praise and affirmation from all walks of life.

[Keywords]　Stock design; Characteristic of children; Mountain design; Comprehensive development

[文章编号]　2018-80-A-032

1.公园入口效果图
2.景观总平面图
3.山地地形现状图

一、规划背景

在促进建设儿童友好型城市的时代发展的背景下，关注青少年儿童的健康发展逐渐成为社会的焦点。针对广州市少年儿童活动场地严重不足、公益性缺失的现状，在社会多方的高度重视和支持下，广州市儿童公园建设工程正式启动，按照"科普为主、各具特色、各有精彩"的原则，全市将建设不同主题的儿童公园。

天河区位于广州市老城区东面，处于广州市新中轴线上，相对于其他城区，是一个具有高速经济发展、雄厚科技力量的新区，同时也具有丰富的人文资源。作为该区的儿童公园，在现代化城区的优越背景下，应更多赋予其现代文化色彩，为广州核心区的发展奠定坚实的现代素质基础。天河区儿童公园用地选址于天河区吉山村以北，吉山村橄榄公园地块，用地面积为20.6hm²。现状周边村镇人口密集，远期发展为新型城市居住用地。因此，儿童公园建设进程与该区域城市发展进程是相匹配的，天河区儿童公园将建设成为儿童的科普园、欢乐园，并打造出幸福生活演绎区的目标，使得天河儿童公园作为天河区的重要景观形象，这也有利于推动现代化国际大都市建设。

二、规划构思

1. 规划选址

规划开展之初，首先选择地块一做初步调研，提出大开发方案。地块一用地规模较小，且现状为农田，地势平坦，这种情况需全新规划公园系统，投资较大。而用地三面临规划道路均未实施建设，所以近期难以利用。于是在调研过程中发现地块二，用地规模较大，为村级公园、林地，现状已形成公园的基本骨架，可加以改造利用，并与村镇、学校相连，便于服务周边人群。因此，我们选取地块二，提出优存量方案，以"盘活现状空间存量，优化现状功能与实施投资"为规划方针，这样与业主的需求不谋而合，也有效暂缓改变田地现状，最终确定吉山村橄榄公园地块，用地面积为20.6hm²，地块由三座山丘组成，90%为山林地形。

2. 规划目标

经调查表明：在0~18岁少年儿童阶段，其父母年龄约为25~50岁，天河区每10万人具有大学程度（指大专以上）的人口数量是全省平均水平（8 214人）的近5倍，是全市平均水平（19 228人）的2倍。天河区儿童公园的主题与功能需求应与天河区的城市特质相匹配，充分体现现代城市进程中的科技与创新概念，因此我们提出"智慧、科技"的主题。

总体来说，天河区儿童公园的主题和功能应与天河区的城市特质相融合，故将天河区儿童公园定位为以"智慧、科技"为主题，体现"创新、生态、科教、趣味、体验"五大功能的山地型儿童公园。天河区儿童公园以丰富多彩的形式为周边居民及儿童提供与自然共处接触的机会，是一座集科技创新、生态体验、科普教育、趣味游乐、体验互动于一体的儿童公园。

3. 规划理念

规划突出"存量改造、儿童特色、山地设计、综合开发"的规划理念，以保护好自然山体生态为前提，考虑到儿童活动多样性的需求，原有山地资源正好能适用于本规划的始终，并有利于提高规划项目的落地可能性，更能适应本规划实施后的服务主体儿童的性格及活动特征，能让儿童提供在大自然中撒野的场所。

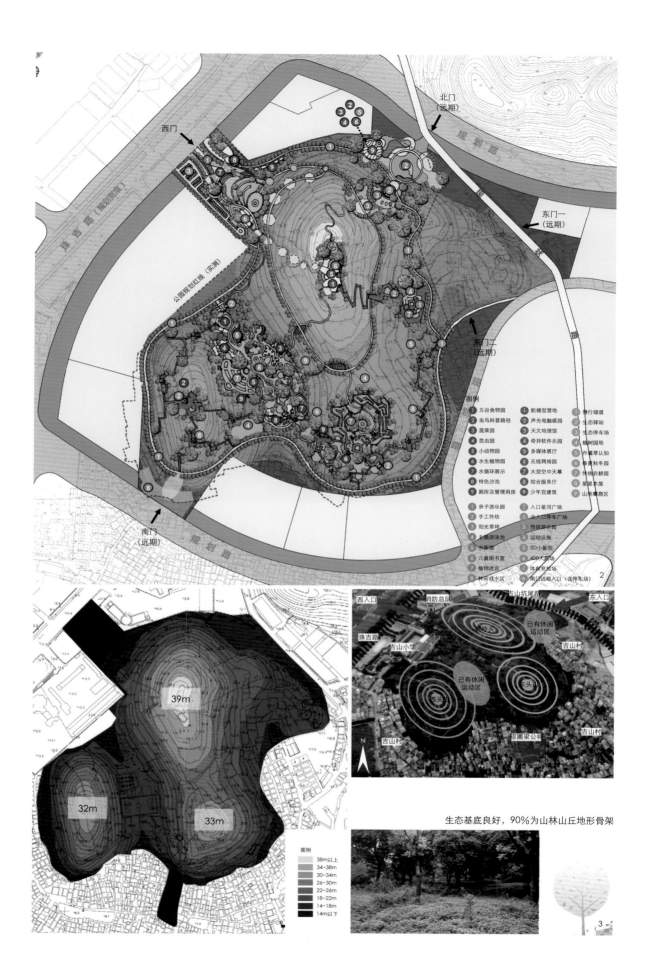

图例

1 五谷食物园
2 虫鸟科普路径
3 蔬菜园
4 昆虫园
5 小动物园
6 水生植物园
7 水循环展示
8 特色沙池
9 厕所及管理用房

1 亲子游乐园
2 手工工作坊
3 阳光草坪
4 主题游泳馆
5 水族馆
6 儿童图书室
7 少年宫建筑
8 林间双水区

1 航模型营地
2 声光电触感园
3 天文地理馆
4 奇异软件乐园
5 多媒体展厅
6 无线网络园
7 大型空中天幕
8 综合服务厅
9 少年宫建筑

1 慢行绿道
2 生态驿站
3 生态停车场
4 榕树园地
5 春夏草坪
6 春夏秋冬园
7 传统农耕园
8 居园木屋
9 山地雕塑区

1 入口星广场
2 北入口停车广场
3 传统游乐园
4 运动设施
5 5D大影院
6 400大球场
7 体育竞技场
8 南门远眺入口（含停车场）

生态基底良好，90%为山林山丘地形骨架

图例
38m以上
34~38m
30~34m
26~30m
22~26m
18~22m
14~18m
14m以下

4.核心区鸟瞰效果图　　　7."星河童年——橄榄园
5.奇幻城堡手绘效果图　　　的智慧王国"童话故事
6.山体滑梯手绘效果图

（1）存量改造。规划以保护好自然山体生态为前提，协调公园建设发展与现状山地资源的开发利用关系，充分利用原有地形，减少大开挖填方，合理利用场地内原有山林肌理及现状植被，有效结合现状公园基础设施，合理考虑规划新项目，把公园常规做法转变为满足儿童需求的场地设计做法。

（2）儿童特色。通过对人的游赏行为心理学原则，尤其是儿童行为心理的揣摩，在以人为本的原则指导下，创造人与自然和谐共生的生活、游览、休闲环境。考虑到儿童活动多样性的需求，儿童公园设计将参与性、多样性、知识性和趣味性融于一体，为儿童创造轻松、自然、功能齐全的活动场所，让儿童们在游乐中增长知识。

（3）山地设计。景观设计中，地形的营造尤为重要，不仅能体现丰富的景观层次，而且有利于更多景观功能的镶嵌。原有山地资源正好能适用于本规划的始终，并有利于提高规划项目的落地可能性，更能适应本规划实施后的服务儿童主体的性格及活动特征，为儿童们提供在大自然中释放身心的场所。

（4）综合开发。儿童公园的概念规划，不能局限于营造一个公园作为休闲场所，我们还需要做一些包括对儿童公园的选址进行周边环境、服务设施、实施便捷等研究，这样也有利于提高其建成价值。对场地设计进行合理布局，为统筹引进儿童活动设施专业单位提供便利。对公园主题形象加以提炼，结合园区服务设施布置，有利于统筹相关专业公司共同建设主题园区。

4. 技术路线

规划按照"策划—规划—实施"三个层面的技术路线展开。

（1）策划。规划在现状调查的基础上，主要对规划用地选址进行分析。对比拟选址两块用地的规模、用地性质、现状景观状态、现状基础设施等，选择更适合近期建设的地块，提出"盘活现状空间存量，优化现状功能与实施投资"的规划方针。

（2）规划。第一，存量空间改造，包括自然资源调研、有效保护措施、山地特色设计；第二，儿童项目策划，包括公园主题、功能定位、分类项目；第

三，主题故事演绎，包括主题线索布局、故事片段规划分区、分区项目设置；第四，功能规划设计，包括五大分区：星河之门、蓝色家园、星星乐园、奇幻王国、智慧城堡。

（3）实施。展示规划实施效果，包括概念效果、分期实施计划、实施效果，结合方案及分期实施计划对场地进行一期施工。

三、规划内容

1. 存量空间改造

规划场地生态基底良好，90%为山林地形，对山地植被进行保护，进行乔木清点测量，划出保护及改造范围，结合地形特征，利用山坡地和山腰交汇处，作山地特色设计。

2. 儿童项目策划

以"智慧、科技"主题，确定自然生态、农耕生态、科技创新、科普教育四大功能，策划科技创新、生态体验、科普教育、趣味游乐、体验互动五大

5

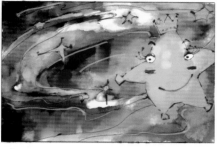

6

分类项目的40项活动。

科技创新项目：航模型营地、声光触感园、天文地理馆、奇异软件园、多媒体展厅、无线网络园、空中天幕。

生态体验项目：慢行绿道、生态木屋、植树园地、乔灌草认知、春夏秋冬园、传统农耕园、土壤研究园、阳光草坪、果林栈道。

科普教育项目：五谷食物园、水果乐园、蔬菜园地、昆虫园、小动物园、水生植物园、科普中心、水循环展示、小水利展示。

趣味游乐项目：音乐旱喷、动漫主题园、机动游乐园、趣味课堂、5D小影院、400人剧场、运动竞技。

体验互动项目：亲子游乐园、手工作坊、林间戏水区、主题泳池、环保教育园、户外安全园、家庭安全园、家长学校。

3. 故事主题演绎

"星河童年——橄榄园的智慧王国"童话故事：

片段1：美丽的银河系里有一颗顽皮的小星星，他活泼好动，总是不安分的待在银河系里，有一天他打开了星河之门。

片段2：打开星河之门后，他按捺不住好奇心，跳到了一个蓝色星球上的蓝色家园。

片段3：在蓝色家园溅起绚丽灿烂的星光，坠落到地上形成一圈一圈彩色的光环，成为一片美丽的星星乐园。

片段4：这片热土上长出了一个奇幻王国，在这里面巴士是在水上开的，船是在陆地上行驶的，鱼是在天上飞的。

片段5：见到了这些奇幻的景象后，只有最有智慧的小朋友才能上到城堡去唤醒沉睡的小星星。

规划编写"星河童年——橄榄园的智慧王国"的五图连环画故事，作为规划星河之门、蓝色家园、

星星乐园、奇幻王国、智慧城堡五大特色意象的主题分区，确定卡通星星的主题形象。同时，设立山地农耕园、植物分类园等认知活动体现智慧创新，结合山地地形的滑梯群、秋千群、攀爬区、沙池区等体现科技融入。

4. 功能规划设计

按童话故事概念分区，把策划的40项活动，利用景观规划的手法，转化为实施的可能性，并落实到修建性详细规划中。

星河之门，景观门户；
蓝色家园，回归自然；
星星乐园，山地星点；
奇幻王国，逆向思维；
智慧王国，综合功能。

四、创新与特色

天河区儿童公园景观工程项目按照"两个新"的思路顺利完成，一是新模式——从规划—方案—工程全过程的设计模式；二是新类型——景观所在传统公园设计上新类型的突破，是设计满足儿童特点、突出儿童趣味、按不同年龄段和活动类型布局、充分考虑亲子活动和儿童安全性的专类公园。

1. 存量改造的公园

结合现状活动设施及场地，针对儿童活动的需求，采用保留运动场、场地彩色化、建筑立面彩色化等设计手法，把现状村级公园改造成区一级儿童公园。

2. 山地型儿童天地

充分利用山形地势的特征，结合山坡地形，采用保留乔木、清除杂草、山腰改造、山坡利用、山脚

1. 美丽的银河系里有一颗顽皮的小星星，他活泼好动，总是不安分地呆在银河系里。有一天，他打开了星河之门。

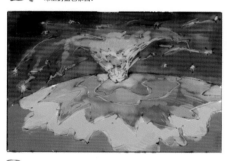

2. 打开星河之门后，他按捺不住好奇心，跳到了一个蓝色星球上的蓝色家园。

3. 在蓝色家园溅起绚丽灿烂的星光，坠落到地上形成一圈一圈彩色的光环，成为一片美丽的星星乐园。

4. 这片热土上长出了一个奇幻王国，这里的巴士是在水上开的，船是在陆地上行驶的，鱼是在天上飞的。

5. 见到了这些奇幻的景象后，只有最有智慧的小朋友才能上到城堡去唤醒沉睡的小星星。

7

扩容、设计台地活动区及山地建筑等方法，打造存量改造的山地型儿童天地。

3. 演绎故事内涵的空间序列

因地制宜地根据主题故事安排空间关系，讲述卡通星星推开大门、林中玩耍、山上历险、与人互动、发挥智慧，从而比作儿童在公园中活动的足迹。

4. 明确形态要素的详细指引

规划对入口形象标志、标识系统指引、垃圾桶形态、铺地花纹等进行详细设计，将星星主题的形象贯彻规划始终。

5. 刚性与弹性相结合的实施性规划

在编制基本规划框架的基础上，制定分区、交通、场地功能、工程基础设施等刚性要点，弹性统筹儿童品牌形象、儿童活动器材、彩绘壁画、现代农业文化等专业单位共同完成公园建设。

6. 紧扣概念的详细规划

项目从概念规划入手，经过修规报建，跟踪至一期工程实施。期间对现状资源充分调研，采取规划与实施同步的方法，以概念规划定计划、以现场情况定实施、以实施情况反推修规，确保修规的正常审批和概念规划能落到实处。

五、方案实施

（1）现一期工程已竣工，涉及面积6.4hm²，包括入口门户广场、门户台地广场、农耕文化园、山地型儿童活动区、表演戏台、运动场地等。

（2）建成山地型建筑，游客服务中心面积约700m²。一期工程大部分为改造保留建筑，新建一组建筑为游客咨询、监控管理、成人及儿童厕所、母婴室、多媒体播放、儿童展览游于一体的服务中心。

（3）建成山地型儿童活动区约5 800m²，包括广州市最大规模的山体滑梯群，最长一对山体滑梯长约90m；广州市最大规模的山地秋千群，有多种秋千形式；攀爬主题的山地攀爬区及台地沙池攀爬网，多种娱乐模式的构建，也为不同年龄段的儿童带去不同的游乐体验。

（4）实现山腰分级至山脚扩容的山地梯田农耕园。利用山形地势，将山脚拓展区、山腰以及山顶进行改造利用，建成山脚种植分类观赏作物，山腰分级

种植水稻、玉米等农作物的大型山地农耕科普园，为城市的孩子们带去一份乡村体验。

作者简介

陈智斌，硕士，广州市城市规划勘测设计研究院，风景园林设计高级工程师，广州市林业和园林绿化工程初步设计评审专家库专家。

8.农耕区鸟瞰效果图
9.入口大门鸟瞰效果图
10.农耕区低点效果图
11.沙池攀爬网实施效果实景图
12.入口门户实施效果实景图
13.山体滑梯实施效果实景图
14.林下活动区实施效果实景图

1.入口效果图
2.长沙人力资源服务产业院土地利用图
3.周边儿童活动场地分析图
4.设计目标

长沙市儿童友好型公共空间设计
——探索·蚂蚁乐园

Changsha Child-Friendly Public Space Design
—Explore · Ant Park

吴 雄 曾 蕾 罗志强
Wu Xiong Zeng Lei Luo Zhiqiang

[摘　要]　案例把长沙市天心区环宇城北侧一块空地设计成"蚂蚁乐园",以场地中活动的蚂蚁作为灵感来源,将蚂蚁生活场地拟人化,结合儿童和监护人两者环境喜爱偏好和活动需求,将场地分为蚂蚁基地、蚂蚁工坊、蚂蚁农场三个主要活动区域。设计利用现有环境资源,创造丰富的场地环境,为儿童提供极富趣味性的活动空间;另一方面,设计意在为周边儿童及其监护人营造安全、轻松、环境优美的交流互动场地,从而促使社区之间育儿交流圈的形成,进一步增强城市活力,提升周边人群幸福感。

[关键词]　儿童友好;公共空间设计;自然式主题乐园

[Abstract]　The case designed an open space on the north side of Huanyu shopping center, Tianxin District, Changsha City as an "ant park". The ants were used as the inspiration source to make the ant life place personification, combined with the preferences of children and guardians and the demand for activities. The site is divided into three main activity areas: ant base, ant workshop, and ant farm. Designing and using existing environmental resources to create a rich venue environment and providing children with an extremely interesting activity space. On the other hand, the design is intended to create a safe, relaxing and beautiful environment for the surrounding children and their guardians. Promote the formation of a circle of child-rearing exchanges among communities, further enhance the vitality of the city and enhance the well-being of the surrounding people.

[Keywords]　Child-Friendly; Public space design; Natural theme park

[文章编号]　2018-80-A-038

一、引言

伴随着互联网技术的迅猛发展以及城市化进程的加快,当代儿童与自然之间的联系日益疏远。据联合国儿童基金会发布的《2017年世界儿童状况:数字时代的儿童》指出全球每日新增逾17.5万名儿童网民,他们占据了全球互联网用户的1/3。而在城市建设中,许多户外空间缺乏对儿童使用群体的考虑,儿童的空间权利无法得到保障。这导致儿童过度依赖室内空间,缺乏对户外环境空间、对自然的体验。公园绿地是城市公共空间中与居民日常生活最为紧密的空间,是儿童性格形成以及室外活动的重要场所,城市公园设计应该重视儿童活动空间的设计以及自然教育

功能的融入,《林间最后的儿童》一书中提到"要建立更加本真、野性的城市,通过拉近儿童与自然的距离,重新建立儿童与大自然的连接,让孩子们在自然探索中培养敏锐的观察能力和创造力。"

二、项目条件

1. 项目背景

2016年,长沙开始着手创建儿童友好型城市,希望通过打造安全、便捷、趣味的儿童上学路径、公共空间和活动设施,从"一米的高度"审视城市规划建设,打造有温度的城市,从儿童友好实现对所有人的友好。

本次儿童友好型城市公共空间设计与改造征集

范围为长沙市六区(芙蓉区、开福区、天心区、雨花区、岳麓区、望城区)范围内的市民广场、开放式小区儿童活动空间、街头绿地、公园、滨水空间等以及其它可以改造的公共空间,用地面积原则上不大于1hm²。

2. 选址及区位分析

场地选址于长沙市天心区暮云片区北部,处于长株潭"绿心绿肺"保护区,是长沙人力资源服务产业园中的一块规划公园绿地,西部和北部临港子河,南靠环保西路,占地面积为9 840m²。

场地以南是环宇城购物中心,周边主要以商业用地、商务用地和居住用地为主,离最近的地铁1号

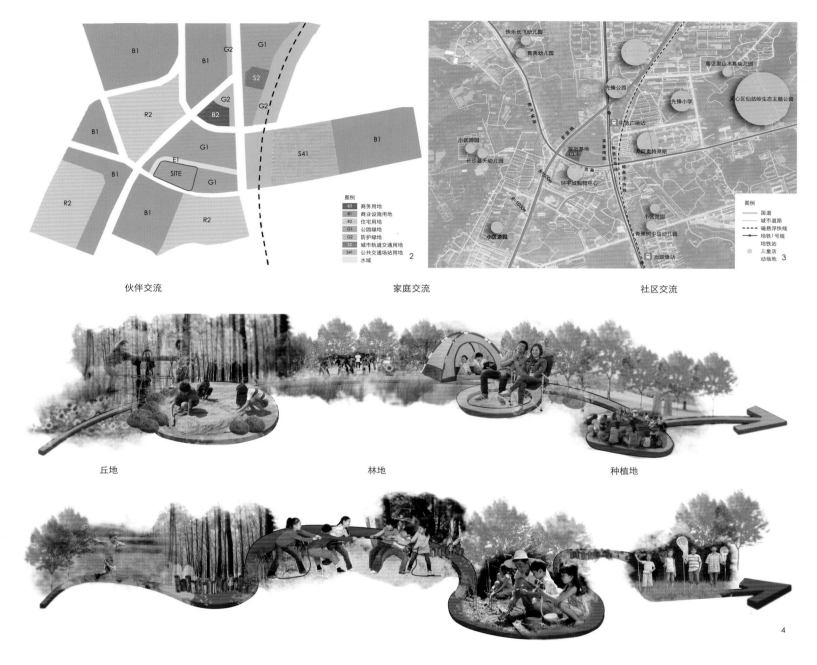

伙伴交流   家庭交流   社区交流

丘地   林地   种植地

线出入口仅550m，周围交通便利，可达性高。

3. 场地分析以及现存问题

（1）场地分析

场地整体较为平整，比南部道路高出约1m，北部靠近泄洪渠，现状分布有林地、草地、菜地，并散布有若干小型坑塘，原生植被环境较好，随处可见各种昆虫、鸟类。

（2）现存问题

场地除了南部环宇城购物中心的内部儿童乐园（环境空间拥挤、嘈杂），周边500m服务半径内无其他公共儿童活动场地，1km服务半径附近有少量幼儿园、中小学以及小区内部游园，但不对外开放，无法满足周边儿童需求。

三、设计构思

1. 设计目标

设计的首要目标在于为场地周边社区内的儿童，创造更多与自然接触的机会。在具体设计过程中，充分保留大自然的肌理（林地、菜地、草地），调动现有自然元素（林木、草境、菜地、水坑），用自然的材料营造出适合儿童玩耍和休憩的尺度空间，使得场地自身的自然野趣属性得到充分发挥，从而形成一个能够激发儿童探索欲且极富趣味性的活动空间，让场地成为受儿童喜爱的自然游戏场。

另一方面，城市公园既是周边居民日常娱乐休闲的场地同时也是社区交流的重要场所。设计希望通过营造安全、轻松、舒适的场地环境，吸引周边社区人群。通过一系列的育儿交流与亲子活动，让伙伴交流、亲子交流以及邻里交流在场地内发生，使得不同社区之间产生交集，进一步建立联系，从而在区域内形成一个社区育儿交流圈。

2. 设计原则

（1）儿童最大利益原则：以儿童为中心，从儿童的视角出发审视场地空间，发现场地的潜在价值，实现儿童利益的最大化。

（2）系统化原则：全面考虑所有能吸引儿童及

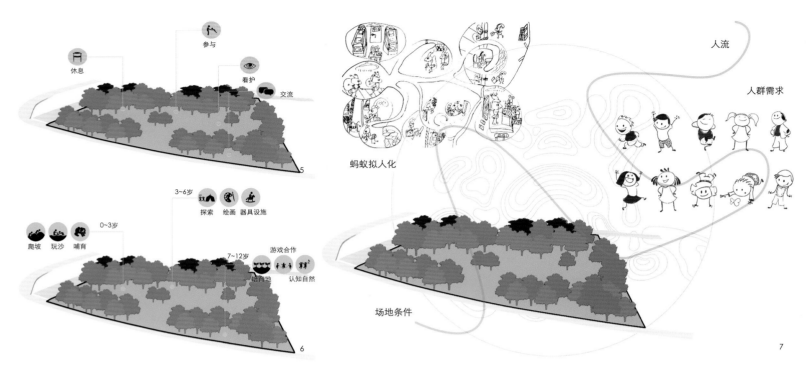

5.家长需求分析图
6.儿童需求分析图
7.概念生成
8.总平面图

其监护人进行活动的潜在因素，营造出一系列满足儿童需求的高品质活动空间。

（3）激励性原则：充分分析、全面了解场地，提供多种潜在的活动模式激发儿童的创造性和探索性。

（4）多样性原则：儿童活动空间，必须为儿童提供活动的多样性可能，更多的结合场地特点，而不是简单地设置游戏设施。

（5）安全适应性原则：以儿童的生理尺度、视觉偏好和心理行为特征为基础，在选材和尺度上保证儿童友好型活动场地的绝对安全性。

3. 设计主题及使用人群分析

通过调查，现有城市开放公园中的儿童活动场地普遍存在以下问题：

①设计脱离场地环境，过度依赖儿童器械。大部分的儿童活动场地由儿童器械堆叠而成，缺乏主题和新意，孩子们的主动性娱乐变成由器械主导的被动式娱乐。

②儿童活动场地里的内容缺乏科学安排，未考虑年龄结构需求，没有针对不同年龄儿童的活动行为进行研究和设计。

因此，设计在尊重场地自然肌理的基础上，正面解决以上两个主要问题及如何提高场地的辨识度？如何科学合理的组织活动内容和小品设施？

（1）设计主题

儿童公共场地的主题选择应该结合儿童的心理因素、年龄特征及行为方式状况来综合考虑。基于场地调研，设计方案以场地中原生的蚂蚁作为灵感来源。一方面，从儿童心理角度出发，"蚂蚁"是他们日常生活或者故事、科普书本中普遍了解过的一种昆虫，对其具有熟悉感，并不会生出畏惧的情绪，容易取得孩子们的好感；从年龄特征上分析，蚂蚁可爱的卡通形象，容易形成特色和主题，吸引小朋友关注；而蚂蚁弱小，喜欢群居、钻洞等习性与儿童有类似之处，设计可以借"蚂蚁"主题，营造一些景观特征鲜明且符合儿童行为方式的场地环境。因此，场地的设计主题被拟定为探索·蚂蚁乐园。

（2）使用人群分析

为了贯彻"以人为本"的设计理念，科学布置场地内容，团队做了使用人群分析（人群环境偏好分析和人群需求分析）。

儿童属于特殊群体，其行为活动能力尚未发育完全。在儿童玩耍过程中，为了保证孩子安全，监护人通常会在儿童周边进行监护和陪同。因此，儿童公共活动空间的使用者包括儿童和监护人两类人群。

①环境偏好分析

一般来说，监护人更重视场地的安全性，喜欢带着孩子在户外、不被车辆干扰且具有明显边界的场地内活动，设计除了考虑场地的人车分流外，还需要给每个儿童活动空间限定安全范围。

相对于监护人，儿童更重视场地的新颖性、趣味性，喜欢尺度亲密，空间紧密，色彩鲜艳，造型奇异的空间环境，设计需要结合主题，整合多种儿童喜欢的空间要素特征，营造出受儿童欢迎的活动场地。

②人群需求分析

在人群需求分析中，家长们希望场地中有可休息、可交流、可互动的区域，设计中需要考虑安排监护人休息区域，在活动场地外围设置看护圈。

而不同年龄段的儿童，其活动需求并不完全相同。根据儿童学者研究，0~3岁的儿童处于认知外部世界初级阶段，活动范围有限，更加专注于某点，因此沙地、丘地对这个阶段的儿童更具有吸引力；3~6岁的儿童运动能力增强，活动范围增大，好奇心和探索欲最为高涨，喜欢进行一些冒险类、创作类的活动，具有一定神秘色彩的场所能够吸引此年龄段的儿童；而6~12岁的儿童与同龄人的交流开始增多，更加喜欢群体性活动，重视活动的参与感和体验感，融入科普教育功能的场地对现阶段的儿童更加有益。

4. 功能分区及内容概况

（1）功能分区

为了生动的展现场地主题，设计将蚂蚁拟人

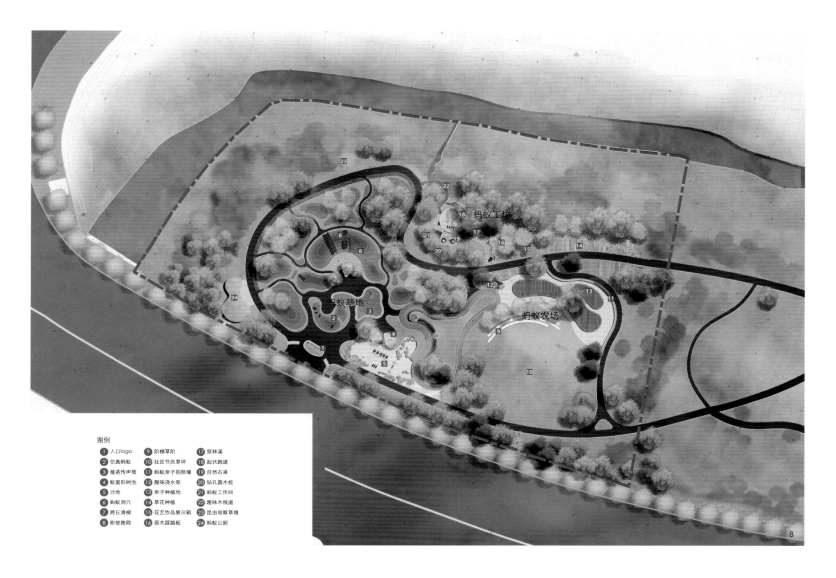

图例

① 入口logo　　⑨ 阶梯草阶　　⑰ 穿林溪
② 仿真蚂蚁　　⑩ 社区节庆草坪　⑱ 起伏跑道
③ 植茎传声筒　⑪ 蚂蚁亲子拍照墙　⑲ 自然石桌
④ 蚁蛋形树池　⑫ 趣味浇水泵　⑳ 钻孔圆木桩
⑤ 沙地　　　　⑬ 亲子种植地　㉑ 蚂蚁工作间
⑥ 蚂蚁洞穴　　⑭ 草花种植　　㉒ 趣味木栈道
⑦ 跨丘滑梯　　⑮ 花艺作品展示箱　㉓ 昆虫观察草境
⑧ 附坡爬网　　⑯ 原木踩踏板　㉔ 蚂蚁公厕

8

化，结合使用人群需求在场地中再现蚂蚁生活场景，增强场地可识别特征及其趣味性。结合现状条件，场地被划分为蚂蚁基地、蚂蚁工坊、蚂蚁农场三个主要活动区域。

（2）内容概况

① 公园入口

设计在入口处置了醒目的logo名牌和蚂蚁雕塑，醒目的黄色管道组成的"蚂蚁乐园"英文字母与丘地上形态各异的巨型金属蚂蚁极富视觉冲击力，公园入口场景生动、形象，带领孩子们开启探索蚂蚁乐园的奇幻旅程。

② 蚂蚁基地—丘地洞穴为特色的趣味攀爬区（0~3岁儿童活动区）

蚂蚁基地是蚂蚁们平时居住生活的地方，主要包括蚂蚁洞穴和沙地两个区域。

a.蚂蚁洞穴

对地形稍作改造，利用高低起伏的丘地打造生动、童趣的生态乐园。坡地中嵌入管道、滑梯和攀爬网，与自然地形融为一体，儿童可在其中爬行、跳跃，探索与发现未知的精彩。中心广场上放置管道形传声电话，为儿童传达科普知识。广场两侧的蚁蛋形树池及丘地外围的长凳，是家长休憩、交流的区域，同时对场地空间形成围合，满足儿童活动区域的安全要求。公厕位于场地西南角，造型与丘地形成呼应。道路铺装材质采用彩色透水混凝土，经济节约，减少雨水径流，响应海绵城市的建设诉求。

b.沙地

挖沙是低龄儿童最喜爱的活动，沙池与圆形石头的空间结合更增加了趣味性和围合性，儿童可在石头间行走，也可将石头作为座椅；而沙池里放置了一些用废旧材料（橡胶轮胎、废弃木料）制作的游戏设施，孩子们可以在玩的同时了解到资源再利用的知识，而外围的原木艺术长椅使空间更具层次性。

③ 蚂蚁工坊—以原生的树林、栈道、木屋为特色的森林探险区（3~6岁儿童活动区）

该区域设计保留了原生树林，设计采用自然木材为原料塑造游路、栈道、蚂蚁工作间，以南部菜地取水口为源头塑造穿林小溪。小朋友们可以在蚂蚁工作间利用自然材料（树叶、麻绳、树枝等）制作一些简单的手工艺品，又或者在原生草境中观察昆虫，而起伏跑道和穿林小溪带给孩子们的是挑战和冒险。

④ 蚂蚁农场—以菜地、草地为特色的自然科普区（6~12岁儿童活动区）

蚂蚁农场是蚂蚁们生产食物的地方。主要包括亲子种植地和社区节庆草坪两个区域。

a.亲子种植地

设计保留原场地中的菜地和水池，稍作整理，打造一方供一家人共同劳作、种菜的区域，

让城市里的儿童感受到培育与收获的乐趣，使得孩子们更加了解自然，爱护自然。水池中设置取水口，可挑水浇菜，也可作为消防取水口。菜地北侧的蚂蚁主题原木景墙，描绘的是蚂蚁运输食物的场景，同时可作为一家三口拍照的取景框，增进父母与孩子之间的情感联系。

b.社区节庆草坪

通过调查，空旷柔软的草坪常成为孩子们最喜欢的游戏场地，并且也是社区活动展开的理想场所。因此，设计保留原场地中的草地，利用水泥台阶消减高差，营造一处可野餐、露营、集会表演等多功能的活动区域，促进亲子之间、邻里之间的互动和交流。

5. 儿童尺度小品设施

为了创造儿童友好型空间，根据功能分区，应用景观设计方法，在不同的儿童活动空间中，放置了一些儿童和家长可共同使用的景观小品。通过这些景观设施，家长可以放开双手，让孩子们在自己的视线范围内安全、自由的活动。同时，这些趣味小品设施拉近了小朋友之间的距离，使小朋友在玩乐的过程中有了更多的交流、合作与互动，这些体验可以帮助孩子们建立友爱、谦让和善良的品质。

四、结语

印度诗人泰戈尔曾写道："我牢记我的童年，那时对奇迹的信念，每天在我的心里像鲜花般开放，我满怀单纯的喜悦，凝望着世界的脸；那时昆虫鸟兽，寻常的莠草、青草和云彩，各有其最充分的、奇迹般的价值。"大自然是儿童最好的教室，让自然影响儿童，是团队的设计宗旨。我们认为这种自然式主题乐园的设计

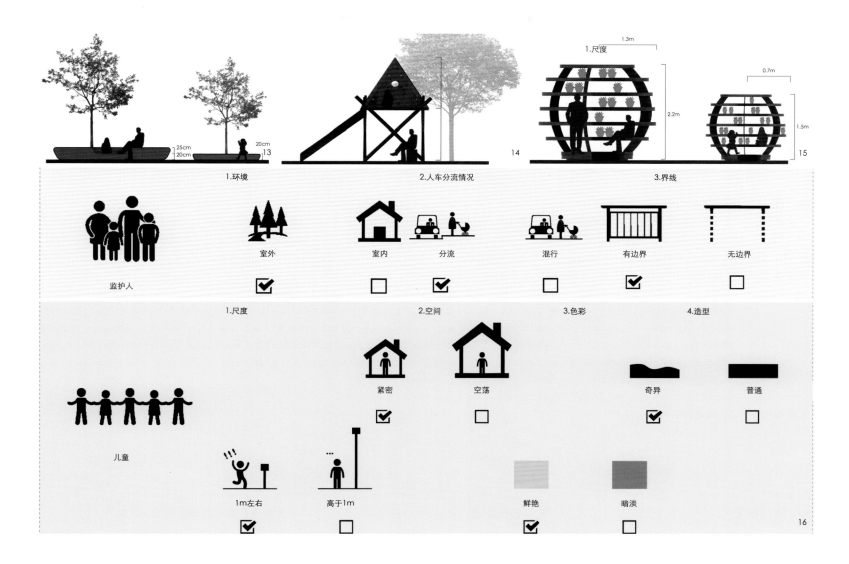

方法能够改善城市儿童与自然的疏离，增加儿童在自然环境中玩耍的机会，从而刺激儿童的感官体验，提升孩子们的认知水平。

我们希望这种自然式主题乐园的设计模式能够得到推广，促进长沙市儿童友好型公共空间建设的展开，帮助孩子们在城市中健康快乐的成长。期待未来有更多这样的户外空间能够走进孩子们的记忆里，唤醒孩子对自然的热爱，让人与自然和谐共生的理念在孩子们的心中发芽。

参考文献

[1]丁宇.儿童空间利益与城市规划基本价值研究[J].城市规划学刊，2009，(z1):177－181.

[2]Veitch J, Bagley S, Ball K, et al. Where do children usually play? A qualitative study of parents' perceptions of influences on children's active free-play[J]. Health & Place, 2006, 12(4):383－393.

[3]理查德·洛夫.林间最后的小孩:拯救自然缺失症儿童[M].王西敏,译.北京:中国发展出版社,2010.

[4]王俊岚,张燕茹,王云.儿童主题公园的规划设计分析:谈儿童主题公园的现状及解决方法[J].美术大观,2015(02):134.

[5]梁进龙,崔新玲,孙钰华.自然教育:回归儿童自然的童年[J].现代中小学教育,2017,33(08):54-56.

[6]蒋玮璇,李昊.基于儿童心理需求的儿童友好型户外空间设计[J].现代园艺,2014(12):68.

[7]M.欧伯雷瑟·芬柯,吴玮琼.活动场地:城市:设计少年儿童友好型城市开放空间[J].中国园林,2008(09):49-55.

[8]毛华松,詹燕.关注城市公共场所中的儿童活动空间[J].中国园林,2005(09):14-17.

作者简介

吴　雄,湖南省建筑设计院有限公司,城市规划设计院国家公园与旅游规划所设计师,南京林业大学硕士;

曾　蕾,湖南省建筑设计院有限公司,城市规划设计院国家公园与旅游规划所主任,高级工程师;

罗志强,湖南省建筑设计院有限公司,城市规划设计院国家公园与旅游规划所所长,高级工程师、注册规划师。

9.蚂蚁洞穴效果图
10.沙地效果图
11.蚂蚁工坊效果图
12.草坪效果图
13.儿童尺度小品——蚂蚁树池
14.儿童尺度小品——蚂蚁工作间
15.儿童尺度小品——花艺展示箱
16.环境偏好分析

融入地方特色的童梦奇缘
——南宁凤岭儿童公园规划设计
Nanning Phoenix Ridge, Children's Park Planning and Design

王文娟　刘扬亮
Wang Wenjuan Liu Yangliang

[摘　要]　南宁凤岭儿童公园是南宁市政府投资打造的广西最大的陆地和水上综合性儿童主题公园，列入2011年南宁市为民办实事项目之一，于2012年5月竣工并投入使用，获得2015年度广东省优秀工程勘察设计三等奖；深圳市第十六届优秀工程勘察设计一等奖；第四届国际园林景观规划设计大赛年度十佳设计奖。南宁凤岭儿童公园以回归自然为理念，重新诠释孩童与自然的关系，运用多种自然景观元素来营造不同的童话故事背景，场地现状为有大量弃土的山地，设计条件复杂，设计及施工均具有挑战性。

[关键词]　儿童公园；童话故事；大自然；山地地形；水土保持

[Abstract]　Nanning phoenix ridge, children's park is the guangxi nanning government investment's biggest land and water comprehensive children's theme park. Nanning city as one of the people "project in 2011. In May 2012, completed and put into use.Get 2015 won third prize of guangdong excellent engineering survey and design; Shenzhen 16th excellent engineering survey and design the first prize;The 4th international landscape planning and design competition annual top ten design. To return to nature park for the idea, Redefining the relationship between children and nature, Using a variety of natural landscape elements to create different background of fairy tales, Site situation for mountain with a large number of soil, Complicated design conditions, Design and construction of challenging.

[Keywords]　Children's park; A fairy tale; Nature; Mountainous terrain; Soil and water conservation

[文章编号]　2018-80-A-044

1.儿童公园鸟瞰图
2.总平面图

一、项目概况

自2008年夏初赴南宁的现场踏勘至2012年5月的竣工开园，历时三年多。建成后甲方满意，社会反响热烈，成为南宁新的热点及城市名片。本项目定是广西第一个以儿童为主题的大型城市公园，用地面积54.12hm²，建设总投资约2.78亿。位于南宁市青秀区凤岭片区北部核心区，周边被月湾路及云景路所环绕，属于南宁东部新区的核心绿地，地理位置重要，设计条件复杂，设计及施工都具有一定挑战性。

二、设计理念

方案运用回归自然、回归人性本原的设计理念，将游人融入大自然；通过富有想象力的童话故事演绎，营造森林、沙漠、山丘、草地、湖泊等童话故事背景，在自然环境中为儿童提供科普教育、游玩娱乐、益智健身等活动，让儿童在大自然中快乐学习、游戏、健身，塑造良好的个性，使人与自然和谐共生。

三、设计特点

1. 将地方文化植入景观设计

广西拥有独具风情的地方文化，山地多而平原少，加上河流切割、冲刷，可耕田地不多，被誉为"八山一水一分田"。广西地处祖国南疆，有着悠久的历史、奇特的地貌以及壮、汉、瑶、苗、侗、仫佬、毛南、回、京、彝、水、仡佬等12个世居民族和25个少数民族。有苗家的风雨桥、芦笙，壮族的三月三歌圩、龙脊梯田，广西石林的喀斯特地貌。

本案将广西地方文化特色与传统儿童游戏相结合，每个主题园都有自己独特的地方故事背景，节选其中典型的故事情节，将其转变为儿童参与的体验、历险、搜寻等活动，因地制宜，设计丰富的场地满足儿童户外活动的需求。并根据现状地形营造森林、湖泊、沙漠、草地、山丘等场景，形成独一无二的景观空间，减少对原有场地的破坏，与传统文化碰撞的同时与大自然对话。在这个空间里，我们要让儿童卸下压力，解开束缚，面对的不再是单一枯燥的器械与刻板的生活，而是真正走进自然，走进自己所爱，用心灵去接受知识，去感受这个美丽多彩的世界。

2. 融合广西地域特色的园区建筑

广西少数民族建筑文化历史悠久，干栏建筑是岭南地区的特色民居，鼓楼、风雨桥的完美造型与巧夺天工的结构闻名中外。五彩斑斓的服饰、精美亮丽的银饰、做工细致的织锦、美轮美奂的刺绣等服饰文化令人赞叹不已。凤岭儿童公园将广西少数民族建筑文化和服饰文化的辉煌延续到园区建筑设计上，为地域特色的园区建设探索一条可持续发展的道路。

提取广西传统的干栏式建筑、乐器、服饰等特色元素，如坡屋顶、风雨桥、铜鼓等，充分体现了民间文化和童话色彩的结合。

3. 现状复杂的地形设计

地形复杂多变，自然山体、沟壑、台地、陡坎、缓坡等多元化的地貌特征给设计带来了巨大的挑战，但同时也形成了独一无二的场地特质。设计通过合理修复、利用、改造这些地形特征让儿童公园充满生机。

本项目为山地性质的儿童公园，在山里造公园，坡度陡，高差大，边坡多，尤其是原有丘陵地形因公园周边地产开发的影响，受到严重破坏，有大量弃土堆积，弃土最深处约45m，破坏面积达到75%

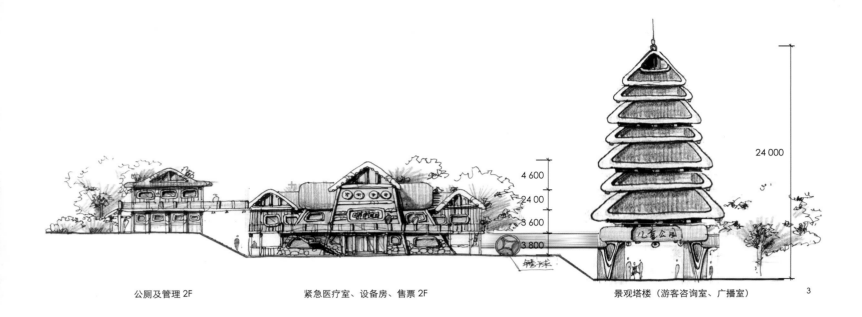

公厕及管理 2F   紧急医疗室、设备房、售票 2F   景观塔楼（游客咨询室、广播室）

以上，如何处理大量的弃土及弃土区的景观，是本项目的难点。

我们设计时经过多次的现场实地踏查，结合地形变化，在山脚结合原有池塘设计水世界，将山坳及现有绿化保留设为森林区，将小部分的弃土区设为荒漠区，营造人为的沙漠景观，大范围的弃土区，设置草场，减小了弃土沉降带来的地质灾害风险，山顶开阔的地方利用原状土建设主要的建筑及活动场地，而坡地结合人工梯田设计乡村体验园等，利用现状地形营造森林、湖泊、沙漠、草地、山丘等不同的自然环境。

4. 近远期相结合

结合近远期建设规划，地质条件好的地方前期先行建设，设置不同童话主题园；地质条件差的地方，如大量填土区则以绿化及荒漠景观为主，这样既丰富了景观类型，又有效地避免了近期开发潜在的地质安全隐患，为公园将来的进一步开发预留弹性空间。

5. 水土保持设计

园区内地形比较复杂，公园建设对地表扰动强度大，易引发水土流失。设计注重水土保持：建立完善的截洪系统；引入新型生态袋绿化技术对山体边坡进行有效支护；整理山脚鱼塘，使之成为景观湖面，储蓄山体的地表径流。

场地最高点为150m，最低点为89m，依据公园总体地形规划，对截洪沟沿园区的主要园路进行设置，截洪沟的洪水就近排入园区附近月湾路、云景路的市政排水管渠，最终排入园区南侧的凤岭冲沟。公园的西侧有两个景观水面，最大宽约30m，最长约170m，水深约1m，根据就近排除洪水原则，上述的景观水面在雨季接纳山坡的洪水，并排入凤岭冲沟。

广西特有的膨胀土处理也是难点之一，现状还有大量的深填土，设计以防水保湿为主，对不同深度的膨胀土采用不同的边坡支护方式以及不同的地基处理方式进行处理，有效地缓解了膨胀土的地质危害。

在南宁凤岭儿童公园规划方案中，为了确保公园和游人的安全性，预防山体滑坡及林带防火等基础建设也设置了相应的措施。现有的部分山体因开采三合土，岩石土壤裸露，造成安全隐患。而植被通过降低侵蚀、稳固泥土可以防止山体滑坡，增强山坡稳定性。沿山坡等高线开渠，并沿渠在山坡面种植木本植物。修剪到一定长度的木本植物逐渐长成成熟的灌木丛后，可稳定土壤结构。因山体开采造成山体坡度较陡峭区域，均选择低矮地被、爬藤类植物以及深根系的小型灌木，减少水土流失，防止山体滑坡。

四、结语

本文通过实践参与到南宁凤岭儿童公园规划设计中，结合场地条件，将理论设计手法运用到具体的规划设计中，通过对儿童公园中的地形地貌营建；（利用场地内现有的景观资源，尽量尊重原有地形，结合现状地形创造出新奇的符合儿童特质的活动空间。）游戏方式的设置；以期形成充满童趣、寓教于乐、融入广西地域特色的颇有吸引力的儿童公园。

在这样的空间里，希望孩子们可以在大草坪上和小鸟、松鼠一起玩耍，可以在溪流里抓鱼、钓虾，可以在山丘上眺望，乐不知返……

参考文献

[1]广西日报,2009年/月8/25日 第005版.

[2]杨焰文,肖毅强 儿童游戏场地系统规划探析,中外建筑.2000.09.

[3]谭玛丽,周方诚.适合儿童的公园与花园：儿童友好型公园的设计与研究[J].中国园林.2008(09).

[4]邱一进,陈继林.浅析城市儿童公园场地设计原则[J].北方园艺.2011(22).

[5]陶晓辉.自由玩乐的时代：广州市"2+12"儿童公园建设方案浅析[J].广东园林.2013(04).

作者简介

王文娟，深圳市政设计研究院有限公司，高级工程师；

刘扬亮，深圳市政设计研究院有限公司，高级工程师。

3.建筑设计图
4-6.竣工实景照片

4

5

6

融合城景，回归乡土
——苍南县城中心区儿童滨水乐园设计

Merging the City Landscape, Returning to Home-land
—The Design of Children's Waterfront Park in the Central District of Cangnan

陈漫华 邵 琴
Chen Manhua Shao Qin

[摘　要]　苍南县城中心区儿童滨水乐园以"融合城景，回归乡土"理念贯穿于整个设计过程中，设计注重城景关系的融合，强调回归自然乡土的体验，突出童趣游乐的主题，旨在创造一个集童趣游乐、兴趣培养、文化启迪，强身健体的儿童滨水乐园，成为苍南小、幼学校重要的户外第二课堂，同时也为苍南市民提供一处绿色生态的城市中心区滨水休闲空间。

[关键词]　融合；自然；滨水；童趣；多维体验

[Abstract]　The Children's Waterfront Park in the central district of CangNan, which is integrated into the whole design processing with the concept of "merging the city landscape and returning to the home-land". The design focused on the shaping of the relationship between the city and landscape, emphasizing the experience of returning to the nature and highlighting the theme of amusement. The park construction aims to provide kids a place integrating fun, cultural and learning. With such an integration, the park functions as an outdoor classroom. And also provide a green and ecological city center waterfront leisure space for the residents of Cangnan.

[Keywords]　Integration; Natural; Waterfront; Childish; Multiple experience

[文章编号]　2018-80-A-048

1.水上乐园效果图
2.项目区位图
3.功能分区图

项目位于温州市苍南县城南侧，总用地面积约为11.45hm²。基地北靠玉苍路，紧邻体育中心，与苍南县政府隔湖相望，南依江滨路，与横阳之江一路之隔，西侧紧挨银泰城，与城市主干道站前大道相靠，东侧紧靠春晖路，地处苍南行政中心至笔架山的景观轴线上。项目地处县城新区核心区域，空间上衔接了苍南行政中心、体育中心、中心公园、高端住区、银泰商圈等诸多功能地块，周边交通发达，人气旺盛。"Y"字形河流由北向南贯穿场地，池塘零散分布其间，浓密的大树沿河岸自然生长，其中沿河2

棵大榕树承载着场地的历史与记忆。基地整体地势呈中间低、四周高的谷地态势。

本次设计充分依托区位优势及滨水风貌特色，在统筹考虑滨水绿地及周边功能的前提下，秉承"融合城景，回归乡土"的设计理念，从使用者角度出发，分析不同年龄段儿童户外活动的时间、频率、行为特征及活动内容，设置满足不同年龄段儿童的活动空间，划分3大功能区块："童趣乐园""奇幻游乐园""江滨景观带"，强调3大功能："融合城景""回归乡土""注重童趣"，旨在创造一个集童

趣游乐、兴趣培养、文化启迪、强身健体为一体的城市综合性儿童滨水乐园。

一、融合城景——助力新城发展

1.融入综合功能

苍南儿童滨水乐园的独特的地理位置，衔接着苍南中心湖及江滨景观带两个绿地。设计无论在绿地布局形态上，还是功能差异化的设置上，都应注重儿童公园在苍南整个绿地系统中整体性与系统性，需综

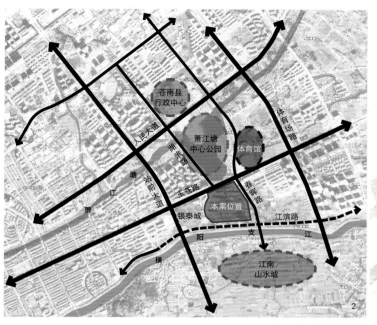

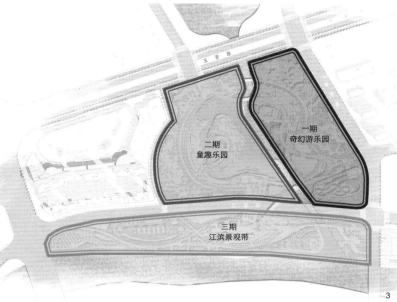

合考虑在苍南县城绿色公共开放空间体系中的地位与价值。因此，儿童滨水公园肩负着城市公园的重要职责与功能，不仅需要考虑儿童的使用需求，也应满足周围居民的日常使用需求。综合判断，苍南儿童滨水乐园的整体定位为城市综合性的儿童滨水乐园。

2. 融入景观廊道

苍南儿童滨水乐园连接新城与未来江南山水城，不仅需要强调功能上的互补与融合，更需注重景观视线视廊的融合。县城中心区以县政府办公大楼及中心湖到体育公园形成一条开阔又气势磅礴的景观视线廊道，走廊视线经过玉苍路、横阳之江直达苍南山水城的笔架山。经过现场踏勘和综合周围条件判断，需设计一个主题特征鲜明的城市地标性景观来丰富和强化视觉通廊的景观效果。

规划设计一个直径88m的无幅摩天轮，打造苍南魅力地标——苍南眼。该摩天轮能结合不同的节日，举办不同风格的"夜景灯光秀、烟花秀"，打造苍南娱乐、庆典的核心场所、核心地标。利用摩天轮带动县城餐饮娱乐休闲等其他项目，提升周边地块价值，辐射周边县城，助力城市发展，吸引新城的人气。

3. 融合两江一湖水系环境

本项目作为苍南县城新区"两江一湖"的重要工程，是实现横阳支江、萧江塘河与中心湖的亲密衔接和融会贯通的重要组成部分。苍南县城新区"两江一湖"景观绿带工程是苍南县城水环境治理重点项目

之一，是县城打造"生态山水城市""美丽浙南水乡"的重要组成部分。"两江一湖"景观工程利用横阳支江和萧江塘河穿城而过的独特优势，在两江之间开挖建设一个中心湖，通过中心湖，儿童滨水乐园，实现两大水系与中心湖的亲密衔接和融会贯通。设计并充分考虑游览体验的连续性，通过桥下玻璃绿道及架空景观栈道沟通并衔接好两江一湖之间游览的连续性及完整性。

二、回归乡土——发现自然之美

1. 拥抱绿色自然环境

儿童滨水乐园需要延续中心湖公园42万m³的蓄洪能力，设计需满足不小于2.3hm²的水域面积，为此考虑延续中心湖公园的水体功能，进一步增强水系的蓄洪能力，设计大量弹性滨水驳岸，以自然的方式预防并减少洪水带来的损失。考虑到《公园设计规范》对城市专类公园的绿地率的要求，方案中我们尽量减少硬质活动区域，增加绿化面积。场地中的建筑尽可能地采用绿色屋面和墙面，让绿色植物从地面向屋顶延伸，让孩子去拥抱一个绿色的儿童乐园。

2. 挖掘乡土文化

发掘苍南的特色文化及地域特点，并将其设计成为具有地域特色的游乐项目。作为"世界矾都"的苍南，具有丰富的矿产资源，尤其是明矾矿的储量占全世界的一半以上。奇幻游乐园的激流勇进、古堡惊魂及VR魔法船的主题游乐项目便以此为主题，以矿

石山设计为来源，结合水景设计，设计坐小船去矿洞冒险，进入矿洞深处探秘，伸手触摸矿石原态，挖掘遗落的矿石等一系列极具特色性及主题性的游乐项目，增加矿产文化的趣味性与体验感，为儿童提供更多的参与性和游乐性；另将诸如夹缬印染、夹纻漆器、提线木偶戏等一系列的苍南地方特色性产品及文化，设计为参与性更强的体验式活动，设置于保留修缮的特色苍南国学馆之中，让孩子们充分感受苍南的文化特色和历史氛围。

3. 感受自然生态景观

通过儿童的五官感受体验，利用绿色生态材料与回归自然的手法，让孩子们去感受自然最原始的力量。在水上活动岛、湿地植物角区域，以声音、阳光、微风为伙伴，以各式生物、起伏的地形为载体，营造一个开放的孩童空间。同时设计自然湿生植物角，通过在木栈道上漫步，学习湿生植物的品种和形态，通过人工采集，自然净化的方式，让儿童学习大自然的自我修复能力，学习具有净化功能的植物及净化方式，了解生态保护对城市对生活的重要意义。公园设计的草坪野营区，在绿草水岸边，适合开展野营、捕捉、散步、垂钓、烧烤等活动，为户外亲子活动提供的空间场所。

三、注重童趣——感受多维童趣

综合儿童的年龄特征，使用公园的时间和频率，及不同年龄的孩童对场地的不同需求，设计满

图例
① 公园主入口广场
② 服务管理房
③ 景观架空栈道
④ 水陆两用过山车
⑤ 游乐园次入口
⑥ Big Earth主题馆
⑦ 设施类游乐项目
⑧ 跑跑卡丁车
⑨ VR魔法船
⑩ 游乐园主入口
⑪ 邮递员包裹之旅
⑫ 激流勇进
⑬ 苍南国学馆
⑭ 小小数学家
⑮ 北入口智慧树
⑯ 苍南儿童书屋
⑰ 水上运动馆
⑱ 玉彩帐篷营地
⑲ 儿童户外泳池
⑳ 贝壳舞台秀
㉑ 戏水池
㉒ 欢乐彩虹滑道
㉓ 攀岩墙
㉔ 藏宝洞穴
㉕ 熊熊欢乐场
㉖ 无偿摩天轮
㉗ 林荫广场
㉘ 水闸
㉙ 堤顶漫步道
㉚ 公共厕所
Ⓐ 停车场或地库出入口
Ⓑ 码头
Ⓒ 园景绿道

足不同年龄段游玩的空间场地。如0~3岁的孩子户外活动场地需要阳光充足、视野开阔、独立且安全的场地；4~6岁的孩童，他们对场地的需求则更偏向于安全的、开放的、主题多样的、活动设施丰富的场所；7~12岁的孩童的活动场地则更加注重自由，具有包容性的、注重学习认知的场所。公园设计时，从儿童使用者的需求出发，设置多样的儿童游乐互动，提供多维度的童趣体验空间。

1. 漫游书中的童话世界

书是孩子认识世界的一个窗口，也是孩子走进成人世界的一段阶梯。儿童乐园注重儿童动态活动之外，静态活动更能培养孩童的专注力。童趣书屋提供一个轻松惬意的阅读环境，能更多满足不同年龄孩童的需求，0~3岁的孩子可以开展亲子阅读活动，4~6岁的孩子在亲子阅读的基础上增强独立阅读的能

力，并提供孩子们互动交流的场所。7~12岁的孩子能在童趣书屋感受阅读带来的童趣，培养儿童阅读的兴趣，达到启智育人的目的，成为苍南小、幼学的第二课堂。

2. 体验多维的童趣世界

（1）欢乐滨水活动

2.3hm²的水域面积为多样的儿童水上活动提供丰富的空间载体，水上活动岛为滨水活动提供安全独立的活动空间。策划多种水上活动项目，如水上无边泳池、水上滚球、水上单车、水上碰碰船，亲子划船等水上游憩项目，满足不同年龄段孩童戏水的需求。水上儿童泳池在细节设计时，考虑0~3岁孩童戏水需求，设计小涌泉，设计不同深度的泳池满足不同年龄段孩子的需求，如0.7m深度满足4~6岁的孩童，1.2m深度满足7~12岁的孩童，并在泳池边设计台阶

坐凳，为家长照顾与休息提供场所。

（2）新奇主题体验

Big earth主题馆以高空高科技体验、冰冻星球、海底世界等项目为主题。太空飞行情景体验，以RIDE游览方式结合VR技术，根据太空故事场景模拟真实运动飞行体验；动感仓体验，该游憩项目让游客置身于虚实结合的太空舱体主题故事环境中，结合故事情节游客乘坐太空舱穿梭于超级星球主题剧情中。冰冻星球模拟冰点温度，让游人身临其境的感受地下15℃的极端气温；海底探险世界，模拟潜入海底探险的极致体验。主题馆的设置主要满足学龄儿童的探索知识需求，达到寓教于乐的目的。

（3）刺激高空游乐

不同高度的儿童游乐设备，提供冲高、旋转、碰撞、速度的奇幻刺激的游乐体验。88m的摩天轮，可以提供亲子活动场所，也可以高空

婴幼儿（1~3岁）的活动场地更多偏向自然开阔独立阳光充足的大草坪、广场及适合亲子活动的野营地。
学龄前（4~6岁）儿童的活动场地更多注重拥有各种主题的活动器械类设施的童趣活动场、奇幻游乐园等。
学龄期（7~12岁）的儿童更注重以亲近自然为主题的花卉认养田、野生植物栖息地、标本馆等区域。
少年期（13~18岁）的孩子更注重亲近自然的水上运动、绿道骑行及奇幻游乐园。

图例
● 婴幼儿（1~3岁）活动场地
● 学龄前（4~6岁）活动场地
● 学龄期（7~12岁）活动场地
● 少年期（13~18岁）活动场地

5

6

7

8

9

远眺观景，感受城市的繁华。高空飞翔、激流勇进、过山车等高空刺激性游乐设备提供奇幻刺激的游乐体验。这种刺激类的游乐项目主要满足大龄儿童为主。

（4）童趣爬爬乐园

童趣爬爬乐园是一处小龄儿童户外活动的空间，设计通过自然起伏的地形与绿色植物，满足儿童学步、玩沙、跑跳、攀爬、躲藏、钻洞的纯真需求，同时增加儿童的体能训练，锻炼体质，提高运动技能。

四、结语

欢乐是童年时光最纯真的需求。儿童的欢乐元素就更为纯粹、简单。一片绿叶，一个水坑，一种声音都能让孩子们产生快乐时光。绿色、健康且充满活力的儿童空间环境及游乐设施为儿童欢乐提供积极、有力、安全的空间载体。希望能够通过我们的设计，让儿童在安全自然的空间环境中发现世界的美好，让儿童在嬉戏娱乐中得到知识的学习与健康的成长。

参考文献

[1]田银生, 唐晔. 儿童的世界——东风城儿童世界公园规划设计[J]. 规划师, 2005（4）：44-47.

[2]路丹. 儿童户外活动场地设计与研究[D]. 陕西：西安建筑科技大学. 2016：11-15.

[3]段丽. 儿童公园中亲子互动空间设计研究[D]. 秦皇岛：燕山大学, 2016：7-12.

[4]李方悦. 儿童的视角——快乐时光的创造性空间载体营造——丹阳大亚洛嘉儿童乐园规划设计[J]. 中国园林, 2017（3）：33-38.

作者简介

陈漫华，浙江省城乡规划设计研究院园林二所副所长，杭州市优秀青年园林景观师，高级工程师；

邵　琴，浙江省城乡规划设计研究院，工程师。

4.总平面图
5.儿童活动场地年龄分类图
6.国学馆效果图
7.儿童游泳池效果图
8.童趣书屋效果图
9.BIG EARTH 主题馆效果图

深圳市建设儿童友好型社区的实践探索
——以深圳市福田区红荔社区儿童友好型建设规划为例

Practical Exploration of Building the Child-Friendly Community in Shenzhen
—Child-Friendly Planning of Hongli Community in Futian District of Shenzhen

刘 磊 刘 堃 周雪瑞
Liu Lei Liu Kun Zhou Xuerui

[摘　要]　在十九大提出"人民日益增长的美好生活需要和不平衡不充分的发展之间的矛盾"的深刻反思下，深圳市重新审视儿童权利，率先提出全面建设"儿童友好型城市"，并展开了一系列相关的实践探索。在儿童友好型城市建设体系中，社区是儿童健康成长的重要空间环境，也是儿童友好型城市建设的重要空间抓手。2017年至今，深圳市已经开展了已建社区、棚改社区儿童友好型建设规划的研究工作，并编制了《儿童友好型社区建设指引》。深圳市福田区红荔社区是深圳市首个儿童友好型社区建设试点。本文以红荔社区为例，阐述儿童友好型社区建设规划的价值观内涵、规划思路、规划策略及实施要点。

[关键词]　儿童友好型；社区规划；步行路径；室外公共空间；室内空间

[Abstract]　Under the deeply thinking of "the contradiction between unbalanced and inadequate development and the people's ever-growing needs for a better life" proposed by the 19th National People Congress , Shenzhen first propose to construct "Child Friendly City" comprehensively, and implement a series of practical-exploration after reexamining the rights of children . In the construction system of Child Friendly Cities, community is the important environment for child's healthy growth and the important space role for constructing Child Friendly Cities. From 2017, Shenzhen has implemented some researches on building the child friendly planning of built communities and shanty town reconstruction communities, and compiled The Guideline for Constructing Child Friendly Communities. The Hongli community in Futian district is the first pilot construction project of child friendly community in Shenzhen. This paper takes child friendly planning of Hongli community as an example to explain the value, planning ideas, planning strategies and implementation keys.

[Keywords]　child friendly; community planning; walking path; outdoor public space; interior space

[文章编号]　2018-80-A-052

1.儿童友好型路径分类图
2.园岭中路与园岭四街路权改造示意图
3.儿童友好室外公共空间布局图

一、背景与意义

1. 项目背景

1996年联合国第二次人居环境会议决议中首次提出"儿童友好型城市"（Child-Friendly Cities）理念，随着我国经济社会发展进入新时期，城市建设越来越关注人民对美好生活的需求，保障儿童合法权益、促进儿童健康成长的共识逐渐加强。2016年，深圳市率先提出全面建设"儿童友好型城市"，并将其纳入当年市委全会报告和《深圳市国民经济和社会发展第十三个五年规划纲要》。同年，深圳市开始编制《深圳市建设儿童友好型城市战略规划（2018—2035年）》和《深圳市建设儿童友好型城市行动计划（2018—2020年）》。在儿童友好型城市建设体系中，社区是儿童健康成长的重要空间环境，也是儿童友好型城市建设的重要空间抓手。2017年，深圳市将儿童友好型社区纳入首批四个试点类型之一（其他三个为儿童友好型学校、儿童友好型图书馆、儿童友好型医院），以深圳市福田区园岭街道红荔社区作为首个社区试点展开探索实践。

2. 项目意义

我国儿童友好型社区探索的时间不长。2011年起，广东省提出建设儿童友好型社区，从儿童服务层面探索了以社区与家庭教育为基础的儿童保护新模式；2016年，中国儿童友好社区工作委员会提出中国儿童友好社区促进计划，旨从政策、空间和服务三个方面促进儿童友好型社区标准的出台。目前，国内这些有关儿童友好型社区的探索局限于政策和服务方面的创新，而在空间规划领域，关注的重点在于儿童户外游戏空间及自然环境方面的研究，并未形成系统的空间规划框架。深圳市红荔社区儿童友好型建设规划是国内首个以儿童参与为基础，以尊重并满足儿童需求的价值观为导向，从空间层面系统构建儿童健康成长空间环境的创新实践。

二、儿童友好型社区

1. 儿童友好型社区的概念

儿童友好型社区是在儿童友好型城市概念的基础上提出的，但还没有形成一个明确的概念。规划梳理相关学者及从业人员对儿童友好及社区概念的阐述，总结形成两个观点：

（1）儿童友好型社区首要条件是能够尊重儿童权利，将儿童与成人平等对待；

（2）具有满足儿童健康成长的社区政策、儿童服务与户外空间环境。

基于以上观点，本规划结合实践内容将儿童友好型社区定义为"以尊重并赋予儿童权利为基础，从政策、服务和空间环境三个方面满足儿童健康成长及天性需求的社区"。

2. 儿童友好型社区规划的价值观

（1）以儿童真实需求为导向

规划儿童友好型社区的前提是了解儿童真实的需求。儿童真实的需求不是成年人主观臆断的需求，而是通过儿童心理及出行行为调查研究来获得的。与对成年人的调查研究不同的是，儿童对自身需求的认知及描述具有其特定的语言，规划需要为儿童设计符合他们认知特征的活动，让儿童参与其中来获得儿童真实需求。在红荔社区儿童友好型建设规划中，规划师通过设计儿童科普讲堂、儿童认知地图及相关游戏性质的活动来获得儿童真实需求。

（2）尊重儿童权利

联合国儿基会在《儿童权利公约》中将儿童权利划分为生存权、受保护权、发展权和参与权。本规划秉持儿童权利优先原则，在规划设计中优先考虑儿童安全、健康成长所需环境要素，并鼓励儿童积极参与社区的公共事务，将儿童参与贯穿儿童友好型社区规划的整个过程和各个环节。本规划通过两场儿童参与活动，让儿童参与规划设计的前期需求调研和方案设计评价两个阶段。

（3）面向全民共享

儿童友好型社区是以儿童作为社区规划的主体对象，但并不意味着儿童友好型社区是儿童专属的。儿童的成长离不开家长、老年人的看护照顾，同样要为他们提供舒适的生活空间，因此，儿童友好型社区是在满足儿童安全、游戏、健康成长需求的基础上面向全民共享的。

三、红荔社区儿童友好型建设规划

1. 红荔社区概况

为选取儿童友好型社区试点，深圳市对福田区十个社区建设情况、儿童人口结构和社区改造意愿等方面进行了调研。其中，红荔社区位于深圳市福田区园岭街道辖区东侧，面积约0.33km²，是深圳市20世纪80年代开发建设、以本地居民为主的开放式社区。红荔社区毗邻荔枝公园与深圳儿童图书馆，周边有地铁3号线与9号线，区位条件优越；内部有两个小学，三个幼儿园及两个文化设施；截至2016年末，常住人口14 391人，其中儿童人数4 067人，占常住人口总数的27.8%。从整体条件来看，红荔社区是深圳典型社区类型之一，儿童比例较高，且社区具有较好的改造意愿，其作为深圳市首个儿童友好型社区试点具有一定的示范意义。

2. 规划思路

规划以红荔社区儿童真实需求为导向，并利用儿童参与获得的数据分析儿童活动行为及活动空间特征，识别出红荔社区儿童经常活动的空间，做为改造为儿童友好的空间；根据儿童的描述，将儿童对红荔社区的需求总结为好玩、安全、舒适、可达、兼容。

红荔社区作为深圳市建设时间较早的开放式住宅小区，其在以"车行优先"为价值导向的社区街道设计上，欠缺对居民步行空间安全及舒适性的考虑：人行道横断面多为1~2.5m，部分地区还存在人行道不连续的情况；自行车的回归挤占人行道的路权空间；街道两侧界面以围栏居多，街道活力不足；社区中自然化、开敞的室外空间里还没有儿童户外活动空间；红荔社区室内普惠性儿童活动空间面积不足，对符合儿童尺寸的设施重视程度还不够。综上，面对红荔社区人行道狭窄、街道界面不活跃，如何提高儿童独立步行安全性与趣味性；在红荔社区中唯一的一处自然化、开敞的室外公共空间，如何建设儿童友好的户外活动空间，并将儿童与成人活动空间融合共享；多大面积的室内空间才能满足普惠性儿童室内活动的需求。

规划从需求及问题出发，提出三大规划设计策略：

（1）安全、有趣的儿童友好步行路径；

（2）充足、舒适、趣味的儿童友好室外公共空间；

（3）普惠、独立的儿童友好室内空间。

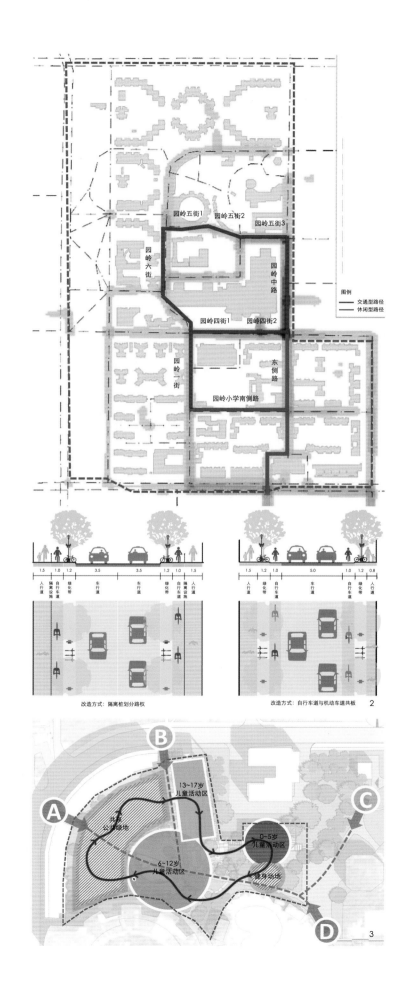

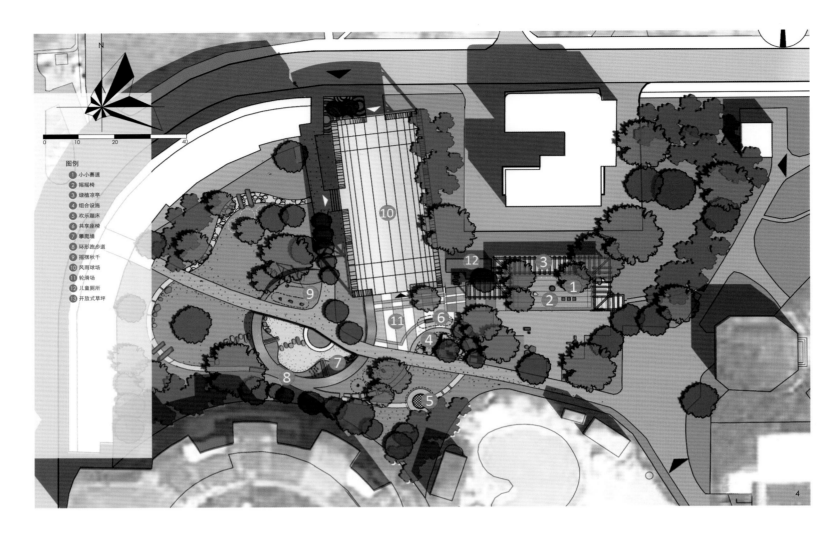

图例
① 小小赛道
② 摇摇椅
③ 绿植凉亭
④ 组合设施
⑤ 欢乐蹦床
⑥ 共享座椅
⑦ 攀爬墙
⑧ 环形跑步道
⑨ 摇摆秋千
⑩ 风雨球场
⑪ 轮滑场
⑫ 儿童厕所
⑬ 开放式草坪

3. 规划设计策略

(1) 安全、有趣的儿童友好步行路径

儿童友好步行路径是指连接社区内学校、幼儿园等公共服务设施和儿童游戏空间,满足儿童步行出行需求的路径。规划根据儿童出行的需求和道路周边空间特征的差异,将儿童友好步行路径分为交通型路径与休闲型路径。交通型路径是指儿童在社区中的日常出行路径,一般为串联社区内主要公共服务设施的市政道路;休闲型路径是指串联广场绿地、宅间绿地等社区公共空间,满足儿童步行需求的路径。在具体设计中,交通型路径侧重于出行安全;休闲型路径侧重于空间趣味性。

① 明确路权:保证儿童独立步行出行安全

红荔社区中圆岭中路与圆岭四街为人行道与自行车道共板的街道。考虑年龄较小的儿童尚未建立规范的安全步行意识,规划通过清晰的路权划分来保障儿童独立安全的步行出行。园岭中路采用隔离设施隔离人行道与自行车道。考虑儿童身高较矮、好动等因素,隔离设施不宜采用直径较大、单体间距较宽的柱状隔离设施,也不宜采用高度较矮及儿童可穿越的隔

离设施。园岭四街采用将自行车道与机动车道共板,保证人行道路权独立。

② 交叉口优化:保证儿童步行过街安全

对社区道路交叉口的优化要从交叉口道路等级和周边儿童活动功能综合考虑,改造内容主要包括交叉口路权划分与斑马线彩绘。规划要求红荔社区城市次干路的交叉口,划定自行车过街专用道,明确儿童步行路权与自行车路权,同时儿童步行斑马线采用人行道材质铺装,提高步行连续性;对学校、幼儿园等公共服务设施周边的交叉口进行儿童步行斑马线图案彩绘。

③ 趣味界面:为儿童打造充满趣味的街道景观

本规划涉及的趣味界面主要指街道两侧的立面。红荔社区街道两侧以围栏以及以住宅侧立面为主要特征。重点选取了儿童游戏空间附近的完整墙面进行彩绘,对墙面9m以下空间(即儿童观察重点区域)强调彩绘的趣味性及教育启发作用;交通型路径设置景观提升型绿植装饰围栏;休闲型路径从引导儿童游戏的角度,设计可互动参与型的游戏装饰围栏。

④ 标志标识:为儿童打造易辨识、有趣味的出行指引

规划将红荔社区儿童友好的标志分为两类,一类从机动车与非机动车对儿童出行避让的角度考虑,结合现行《道路交通标志和标线》的规定,在车流量较大路段、儿童上学路段等区域设置提醒机动车减速慢行、停放及注意儿童的标志。

另一类是易于儿童辨识、有趣味的儿童友好型标志。规划要求选用社区代表元素或儿童喜爱的元素进行统一设计,分为对儿童友好型空间进行指引的标志和对有安全隐患空间起到警示作用的标志。其中,指引类儿童友好型标志,用来对儿童经常活动的公共服务设施和活动空间等目的地进行指示,并标注方向与距离;警示类儿童友好型标志用来提醒交通安全、空间安全等隐患。

(2) 充足、舒适、趣味的儿童友好室外公共空间

① 全龄段、可共享的儿童活动空间布局

考虑到各个年龄段儿童行为特征和需求的差异,按年龄段对儿童友好室外活动空间划分场地。规

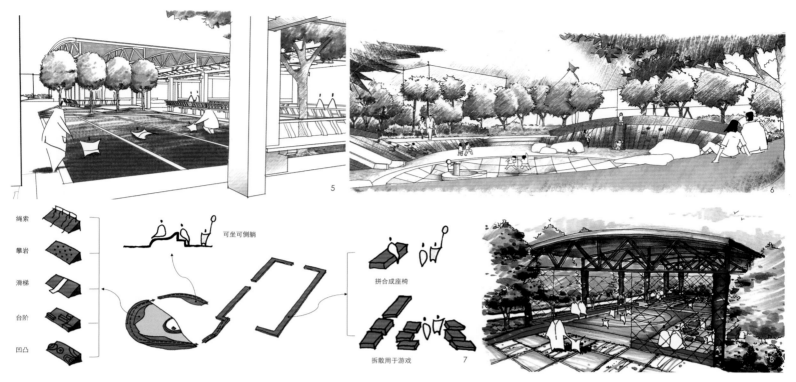

绳索
攀岩
滑梯
台阶
凹凸

可坐可侧躺

拼合成座椅

拆散用于游戏

5

6

7

8

4.儿童友好室外公共空间平面图
5.0~5岁幼儿活动区效果图
6.6~12岁儿童活动区效果图
7.多功能环形步道
8.13~17岁青少年活动区效果图

划分为三个儿童活动区：0~5岁幼儿活动区、6~12岁儿童活动区和13~17岁青少年活动区。并保留东部现状健身场地与西部共享公共绿地。各功能区之间通过一条步行路径串联。

②儿童友好室外公共空间规模

规划总结了美国、德国、日本等国家社区儿童人均户外公共活动场地面积的经验值，同时考虑深圳高密度发展现状，设定红荔社区合理的儿童人均户外公共活动场地面积为1.0m²。红荔社区儿童人口数按2016年底统计数据4 067人计算，儿童户外活动场地面积应不小于4 067m²。红荔社区中心公园面积共5 145m²。规划0~5岁幼儿活动区面积为265m²，6~12岁儿童活动区面积为1 227m²，13~17岁青少年活动区面积为993m²，其余为共享公共绿地。

③基于各年龄段儿童行为特征的空间布局与功能

每个年龄段的儿童有其特定的行为特征。其中，0~5岁婴幼儿期的儿童处于意识形成期，对周边色彩鲜艳的事物，以及通过运动感知外界的游戏比较感兴趣，同时，该阶段儿童的户外活动需要成年人的看护。规划在0~5岁幼儿活动区设置色彩丰富的小小赛道，符合该年龄段身高特征的小型儿童设施；在

儿童活动设施附近设置半围合的绿植凉亭，为父母提供可遮阴、方便照看儿童的空间。

6~12岁童年期的儿童独立行为能力增强，喜欢参与集体性活动，对探索性、冒险性活动更加感兴趣。规划在6~12岁儿童活动区提供一处集中多种探索功能的活动区，通过高低地形塑造多元的活动空间，包括攀爬墙、环形跑步道、滑梯等设施；在周边树荫较多的区域设置以休闲功能为主的设施，包括欢乐蹦床、摇摆秋千、共享座椅等。

13~17岁少年期的儿童可选择的户外活动空间、兴趣点更加广泛。社区作为他们离家较近的活动空间更适合提供一些日常性的运动场所。规划通过地面铺装区分的形式，将中央公园原有利用率较低的网球场改造成可进行街头篮球、集体活动、羽毛球等多种活动的风雨球场，并在球场南侧设置轮滑练习场以及共享座椅。

此外，规划还设计了一条为儿童提供多样活动的环形步道。靠近6~12岁儿童活动区的步道通过地形的变换设计多个活动功能，包括绳索攀爬、攀岩、滑梯、台阶、凹凸的墙面及方便坐和侧躺的休息区；靠近13~17岁青少年活动区的步道通过拼接组合可形成灵活多变的设施，例如通过拼合形成座椅，拆散用于儿童创意游戏活动。

④舒适便捷的儿童服务设施

儿童友好的室外活动空间不仅要满足儿童户外玩耍的需求，还应考虑儿童的生理需求，比如母亲对婴幼儿的哺乳、儿童排泄及卫生需求等。规划建议设置不少于4个蹲位的、符合儿童尺寸的儿童卫生间；面积不小于10m²、满足婴儿车转身宽度的母婴室等。

（3）普惠、独立的儿童友好室内空间

社区中的室内空间对儿童健康成长同样重要。虽然一些社区的商业空间已经为儿童提供了以盈利为目的的室内空间，但本规划强调的是为解决现实问题，为儿童提供普惠、独立的儿童友好室内空间。在红荔社区中，儿童友好型室内空间主要解决两个问题：一个是在无家长接送和看顾的情况下，为儿童提供下午四点半放学后可安全学习拓展兴趣的"四点半学校"；另一个是为儿童参与公共事务预留儿童议事空间。此外，现有的城市居住区规划设计规范中，尚未对儿童室内活动空间配套进行规定，本规划借鉴具有相应功能的空间指标，提出配置规模。

①四点半学校的规模及建设指引

按社区儿童总数20%来配建，四点半学校的面积应为1 138m²，红荔社区四点半学校现状面积为

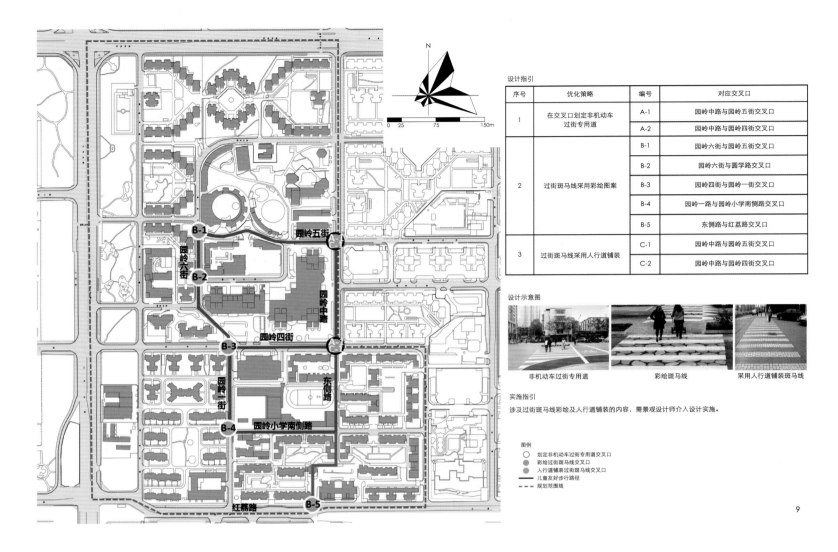

设计指引			
序号	优化策略	编号	对应交叉口
1	在交叉口划定非机动车过街专用道	A-1	园岭中路与园岭五街交叉口
		A-2	园岭中路与园岭四街交叉口
2	过街斑马线采用彩绘图案	B-1	园岭六街与园岭五街交叉口
		B-2	园岭六街与圆学路交叉口
		B-3	园岭四街与园岭一街交叉口
		B-4	园岭一路与园岭小学南侧路交叉口
		B-5	东侧路与红荔路交叉口
3	过街斑马线采用人行道铺装	C-1	园岭中路与园岭五街交叉口
		C-2	园岭中路与园岭四街交叉口

设计示意图

非机动车过街专用道　彩绘斑马线　采用人行道铺装斑马线

实施指引
涉及过街斑马线彩绘及人行道铺装的内容，需景观设计师介入设计实施。

图例
○ 划定非机动车过街专用道交叉口
● 彩绘过街斑马线交叉口
● 人行道铺装过街斑马线交叉口
—— 儿童友好步行路径
---- 规划范围线

9

80m²，目前服务儿童数量仅十多个，远远未达到预估的规模。规划建议结合红荔社区的更新改造，增加四点半学校的面积，或结合社区内小学的改造，统筹解决四点半学校问题。

针对红荔社区的四点半学校建设，规划从分区、采光、桌椅、材质及色彩方面提出四点建设要求：一是根据现状空间特征，外侧的空间用于组织儿童活动，内侧空间用于儿童学习、写作业；二是室内自然采光面积应不小于室内墙面面积的20%，当室内采光不能满足时，需提供充足的室内灯光照明，保证300lx照度值；三是按照所服务年龄段儿童身高特征，提供相应尺寸的儿童桌椅；四是选用环保材料进行室内装饰，地面采用防滑、无辐射材料，色彩以温馨明亮为主。

②儿童议事团独立空间的规模及建设指引

儿童议事团独立空间作为儿童参与社区公共事务的常驻场所，面积按照服务30人的中型会议室面积要求配置应达到60m²。红荔社区现状可提供面积约50m²的空间作为儿童议事团独立空间，可以满

足25人左右的会议需求。针对该空间对室内的装修设计从采光、桌椅、材质及色彩方面提出三点建设要求：一是当室内无需投影时，采光及照明应满足300lx的照度值，需要投影时，应配备相应的遮光设施；二是根据不同年龄段儿童的身高特征，提供相应尺寸的儿童桌椅，同时桌椅应便于折叠、搬运；三是选用环保材料进行室内装饰，地面采用防滑、无辐射材料。

4. 规划实施

（1）规划控制

为了便于与管理部门和景观设计、室内设计单位进行有效衔接，规划通过设计导则的形式进行规划控制。对儿童友好步行路径、儿童友好公共室外空间和儿童友好室内空间采用设计通则的形式明确控制要求，并针对具体路段和空间的规模、设施配置、设计意图等内容的进行设计指引。同时，明确下阶段景观设计与室内设计单位的责任分工，标识儿童可参与的内容，以便更好地指导儿童参与到下阶段具体的景观

和室内设计中。

（2）管理支持

建议在红荔社区成立儿童友好空间建设委员会，负责对接相关责任部门、项目招标、居民意见征集、质量监督以及协助成立红荔社区儿童议事会等内容。

（3）行动方案

将规划成果转化为实施项目库，按空间类型分为儿童友好步行路径、儿童友好室外公共空间与儿童友好室内空间三大类，根据各个具体项目实施难易程度、实施效果、所需资金等因素综合考虑，设定建设时序，科学有序地推动儿童友好型社区建设。

四、结语

红荔社区儿童友好型建设规划探索了儿童参与规划全过程的方法，系统地搭建了儿童友好型社区空间规划框架，创新性地提出儿童友好步行路径、儿童友好室外公共空间、儿童友好室内空间的设计内容和

设计指引，并通过设计导则、实施项目库的方式落实与后期单位及管理部门的对接实施。

但红荔社区儿童友好型建设规划仍存在一定的不足。从规划内容来说，设计在搭建儿童友好型社区空间规划框架的基础上，更多的是探索空间建设的控制要素、规模及内容，并未落实到详细设计的深度。从规划实施层面来说，规划的落地还需要多方（政府、社区、NGO、规划师等）协调，在现行社区管理与规划关系的发展中，协调统筹落实规划的各项意图比较困难；同时，本规划设计导则的控制内容并不具备法律效力，在实施过程中设计意图可能难以全部实现。

现阶段，红荔社区的儿童友好建设已取得一定进展，在规划人员与红荔社区管理部门、志愿者多次沟通与努力下，克服了资金方面的问题，已推进了园岭小学南侧路的实施进度；共同创立了红荔社区儿童议事会，为儿童后续参与社区建设提供了平台。随着越来越多的城市开始注重儿童权利，希望红荔社区儿童友好型建设规划能够为其他的儿童友好型社区建设提供一定的经验借鉴，并在实践中不断完善、丰富儿童友好型社区规划的内容和指标，为儿童在社区中更好的健康成长提供规划支撑。

参考文献

[1]克莱尔·弗里曼，保罗·特伦特.儿童和他们的城市环境--变化的世界[M].萧明，译.
南京：东南大学出版社，2015.

[2]孙延培."儿童友好型"居住区户外环境设计研究[D].秦皇岛：燕山大学.2014.

[3]丁宇.儿童空间利益与城乡规划基本价值研究[J].城市规划学刊，2009(S1):177-180.

[4]李圆圆.儿童户外游戏场地设计与儿童行为心理的耦合性研究[D].重庆：西南大学，
2009:12-14.

作者简介

刘　磊，深圳市城市规划设计研究院有限公司，规划设计一所所长；

刘　堃，哈尔滨工业大学（深圳），副教授；

周雪瑞，深圳市城市规划设计研究院有限公司，规划师。

9.儿童友好路径交叉口设计导则
10.规划实施工作安排示意图
11.社区管理示意图
12.儿童参与社区规划照片
13.成立红荔社区儿童议事会照片

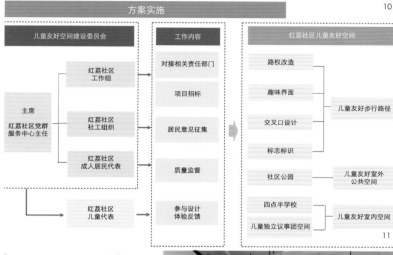

提升公共空间品质，创建儿童友好型校区
——以长沙市岳麓一小周边交通及公共空间改造设计为例

Enhance the Quality of Public Space and Create Child-Friendly Campuses
—Take the Traffic and Public Space Reconstruction Design of a Small Neighborhood in Yuelu, Changsha as an Example

钟富有　纪学峰
Zhong Fuyou　Ji Xuefeng

[摘　要]　城市建设的突飞猛进带动了儿童活动空间研究的深入。但伴随而来的机动车化出行占用更多的道路资源，致使儿童交通出行的不安全，建筑的密集度的增加减少了儿童活动空间，根据成年人空间价值观建设的城市对于儿童公共活动空间品质低下。长沙市借助创建儿童友好型城市的契机，着力改善学校周边的交通状况和学生出行环境，优化提升公共空间品质，探索一种新的规划实施模式。本文以岳麓一小儿童友好校区周边设计为例，着重通过空间品质提升，慢行交通改善，以提高儿童上下学出行的安全性、便捷性、趣味性、游乐性为目标，转变儿童的出行观念，从小培养低碳出行的理念和意识。

[关键词]　校园；儿童友好；步行巴士；穿梭巴士；公共空间

[Abstract]　The rapid development of urban construction leads to the study of children's activity space. But along with it, it will not be safe for children's travel as a result of occupying more road traffic resources by the motor vehicles, children's activity space is reduced with the increase of building density, the concept of city space value of adults lowers quality of children's public space. Changsha city takes advantage of children friendly city , makes efforts to improve traffic conditions and students' travel environment around schools , upgrades the quality of public space ,explore a new planning model ,We take the example of the surrounding design of a primary school in Yuelu District , focus on the improvement of space quality and slow traffic in order to improve safety, convenience, fun and recreation of children's school travel, and change children's ideas of school travels , foster a concept of low-carbon travel from childhood.

[Keywords]　campus; child-friendly; walking bus; shuttle bus; public space

[文章编号]　2018-80-A-058

　　校园是儿童学习生活的快乐家园，随着社会经济快速发展和幼儿教育事业的发展，城市建设的突飞猛进带动了儿童活动空间研究的深入。但伴随着机动车交通快速增长，机动车化出行占用更多道路资源，慢行系统通行空间越来越狭窄，建筑密集度的增加减少了儿童活动空间，成年人空间价值观的城市越来越不适宜儿童活动空间要求。儿童需要的校园周边不是冰冷的街道和无趣的公园，而是从环境设计的角度出发，以城市设计的观点为指导，改善交通状况和提升公共空间品质，为学生和家长提供宜居、宜学、宜憩、宜乐、安全的品质优良校区。

一、儿童友好型建设的内涵

　　"儿童友好型城市（ Child-Friendly Cities，CFC）"概念源于联合国儿童基金会，建设提案是在联合国关于人类居住环境的第二次会议之后提出来，把城市建设为适合所有人群居住的场地。"儿童友好型"顾名思义，就是对儿童友好，以儿童为本。为了满足儿童的福利，通过完善儿童的生活环境，实现儿童在身体、心理、认知、社会和经济上的需求与权利。

　　儿童不仅是我们的未来，也是我们的现在，是时候认真倾听他们的需求了。儿童友好型城市是一个致力于实现儿童权利的城市，更概括地说是一个致力于实现儿童权利的地方自治体系。联合国儿童基金会及人居署的 CFCI和GUIC计划最近研究揭示，全世界的少年儿童不论生活在哪里，他们都有同样的成长需求，为了在城市中获得正常足够的发展，他们很清晰、明确向成人提出同样要求，城市建设和管理主体在城市规划和建设过程中需要更多与儿童合作并努力倾听他们的需求，提高儿童的自我导向度和儿童参与度（详见表1）。

二、儿童友好型校区建设的目标

　　学校是城市重要的公共配套设施，长沙市政府历来对教育工作都非常重视。随着社会经济发展，人民群众对学校内部的建设品质、学校周边环境和学生上下学安全性的关注度要求越来越高。而城市的快速发展，伴随着机动车交通快速增长，使得机动化交通与慢行交通之间矛盾日益突出，公共空间品质越来越低。小学生作为学校周边慢行交通出行的主要参与者，在上下学过程中越来越处于弱势地位，安全性较难得到保障。

　　长沙市借助创建儿童友好型城市的契机，着力改善学校周边的交通状况和学生出行环境，优化提升公共空间品质，探索一种新的规划实施模式，选定十个试点校区，以点连线、以线扩面，逐步完成长沙市的儿童友好型校区建设。本文以岳麓一小儿童友好型校区周边设计为例，着重通过空间品质提升，慢行交通改善，以提高儿童上下学出行的安全性、便捷性、趣味性、游乐性为目标，转变儿童的出行观念，从小培养低碳出行的理念和意识。

三、校区周边现状及存在问题

　　岳麓一小位于湖南省长沙市岳麓区咸嘉湖街道，处于望岳路和桐梓坡路交叉口的东南角。以时间为节点，周一至周五上学期间从早上上学、中午、下

转换

连接

紧凑

密集

混合

公共交通

自行车

步行

1

1.儿童友好设计手法示意图

午放学学生一天的活动路线、行为、活动节点的问卷与调研提出现状岳麓一小学校周边学生活动场地、行为路径、活动内容等存在的问题:

(1)不安全的交通空间。如上下学高峰期桐梓坡路人车冲突严重;西侧望岳路未设置专用人行道,车辆占用路侧停放;交叉路口未有信号控制;供下学接送车辆的停车设施缺乏等,儿童空间权益的减少以及步行环境的不安全。

(2)硬质及无趣的公共空间。一般的道路绿化带设计及闲置的绿地,未有供儿童游乐及活动的空间。

(3)照明及安全监控设施缺乏。

(4)遮阳挡雨设施缺乏。

四、交通友好设计方案

针对校区周边交通情况,提出儿童友好型校区交通友好的设计手法包括连续的步行空间、便捷的公共交通、适合儿童使用的社区公共空间、安全的自行车道、开放街区的连接性、转变出行观念、轨道站点的紧凑连通、优先考虑儿童安全的混合街道界面。

1. 步行友好空间设计

（1）完整的步行道

对于无人行道的润泽园小区支路和高鑫麓城西侧支路,新建人行道;人行道宽度不足的望岳南路拓宽人行道,被停车占用的裕民街规范停车,保障人行道的畅通。

（2）安全的过街通道

考虑儿童好动和过街速度慢等因素,在学区范围内交通道上的主要过街隐患点设置爱心斑马线、立体过街设施、人行道抬高、大于16m的人行横道设置2m宽的安全岛等,增强儿童过街的安全性。

（3）舒适的步行环境

多种遮挡设施,如拱廊、雨棚和树木,增强儿童步行舒适性,同时提升环境和健康效益。

2. 步行巴士和穿梭巴士

出行距离在1km以内的,借鉴英国伦敦"步行巴士"的方式进行引导。根据学生住址分布,小区主要出入口,设置6条步行巴士线路,组织学校的教职工、社区志愿者及时间空余的学生家长,担任步行巴士的引导员,并安排步行巴士的具体出发时间和人员安排。前期组织志愿者、学校、家长共同参与,选取一个班级试点并进行推广。

出行距离在1km以外的学区范围内学生出行,采用穿梭巴士进行解决。穿梭巴士可考虑采购租车公

表1	儿童友好型城市的特征
1	所有儿童都能便捷地获得切实的、高质量的、健康的社会基础设施,卫生的生活用水,充足的公共卫生设施和清洁安全的活动空间
2	地方政府应该确保所在地方在政策制定、资源分配、日常管理事务中,始终坚持贯彻儿童利益优先原则
3	为所有年龄段的儿童创造安全的环境和空间条件,在这些环境中他们能够自由地获得休闲、学习、社会交往、心理发展和文化表达的机会
4	在公平的社会和经济条件下创造可持续发展的未来,保护儿童免于自然和社会灾难的危害
5	儿童有权利参与到关乎他们生活的政策决策中来,有权利获得表达他们意见的机会
6	给予弱势儿童群体更多的关爱,比如父母生活或者工作在街头、从事性行业者、残疾人,又或者家庭困难的儿童
7	消除因为性别、信仰、社会和经济差异造成的歧视

司或公交公司服务的形式实施。主要服务时间段为上午7：00~8：00，下午16：00~17：00，每间隔10分钟开行一趟。

学区范围外，出行距离较远的学生，采用拼车方式，安排拼车人员、出发时间和次数。

3. 开放式街区的塑造优先连通性

开放式小街区的引导，对于面积比较大需要绕行的高鑫麓城小区，通过开放式街区的设计，步行巴士可直接穿越小区，减少了步行时间，大大提高了步行安全性。

4. 增加公共交通便捷性

学校门口50m范围内增设港湾式临时公交停靠站，上下学高峰时段启用，并连接步行巴士线路，以公交结合步行的方式。通过提高公交可达性，增加利用公共交通上下学的利用率，降低私人小汽车接送上下学，缓解校门口交通压力，增强儿童低碳出行意识。

5. 转变道路出行观念

在道路交通改造时，根据交通流量，由机动车

为主的道路断面转变成以步行和公共交通为主的断面。规范路边停车，制定严格的交通管控措施，完善交通标识。学生通过主要道路节点采取过街通道、支路口抬高措施，降低行车速度，增加驾驶员对周边环境的关注，进一步提升校区周边的步行安全性。

五、公共空间友好方案

1. 创造性的空间改善设计

利用周边建筑退线、闲置空地、街区公园和校门口空地进行微改造。公共空间微改造应侧重于趣味性、创造性、体验性，具有吸引儿童沟通、交流、游玩的活动场地，并兼顾成人看护交流的多样化公共空间。植物设计方面，夏季庇荫面积应大于游戏活动范围，活动范围内宜选用萌发力强、直立生长的中高型种类，丰富园林空间兼顾遮阳功能。在灯光照明方面，小区支路考虑儿童冬天上下学的需求，增强灯光照明设施，利用吸引儿童的图案或个性化的城市灯具，增加儿童的心理安全感。

2. 适合儿童游乐的尺度

攀登架、秋千、游戏墙、单杠以及组合式的活

动设施，按照儿童的使用尺度进行独立设计，在地面铺上软性材料，增加儿童游乐的设施和空间。

3. 活跃、趣味的视觉界面

前期利用学生美术课时间进行绘画比赛，征集优异作品，以此了解儿童的兴趣爱好，并筛选部分作品通过人行道点缀和围墙涂鸦等方式，将学生亲手制作的图案点布在上下学的主要人行道铺装、市政井盖和现有围墙上，形成既有趣味性和活跃的视觉界面，又可承载儿童美好回忆的上学之路。

六、儿童的最大参与度决策

广泛参与是儿童友好型校区开放空间规划与决策的重要组成部分，通过学校、家庭、社区、其他社会团体及公益组织的协助，邀请校区儿童参与规划设计，儿童活动空间的改善由儿童做主，充分听取和吸收他们的意见。在项目启动时，通过选取1~5年级五个试点班开展岳麓一小扎针地图活动，收集儿童认为感兴趣的点6处，存在主要问题的点10处；同时通过发放填写愿望小纸条189张，收集儿童在交通安全、公共空间方面的意见；充分利用班级的美术课，征集

学生对于爱心斑马线、交通标识、巴士站点、市政井盖等创意作品，并在这些优异的创意作品运用于方案改造和设计当中。在项目初步成果完成，征求大众意见时，恰逢暑假期间，邀请了40名小学生作为小小讲解员，对方案进行讲解，并且参与收集大众的意见。

七、总结

儿童友好型校区的规划得到了学校、家长、儿童和社区的大力支持，在社区、街道和区政府及相关部门的共同努力下，岳麓一小西侧的上下学步行道及北侧的防护隔离墩等设施进行了建设和改善，为逐步提升学校周边的交通安全和公共空间品质起到了示范作用。下一阶段除了关注交通安全出行和公共空间的改善等硬件方面的措施，同步在建筑设施、社区服务、儿童心理健康服务、公共安全等方面进一步推进儿童友好城市建设的工作，将打造儿童友好校区的措施落到实处，形成社区、学校、社会共同自发参与儿童友好城市建设合力，在长沙市全市范围内的中小学推广，营造长沙市对儿童友好氛围，创建长沙市儿童友好型城市。

参考文献

[1]儿童友好城市行动导则研究（中南大学）.

[2][澳大利亚]布伦丹·格利森，尼尔·西普.创建儿童友好型城市.

作者简介

钟富有，深圳市新城市规划建筑设计股份有限公司湖南分院，城市规划师；

纪学峰，深圳市新城市规划建筑设计股份有限公司湖南分院，城市规划师。

2.学区分布图
3.步行巴士分布图
4.人行道斑马线抬高
5.支路口抬高示意
6.桐梓坡路与望岳路增加爱心斑马线
7.儿童活动扎针地图
8-9.规划师主题绘画作品

田埂上的乐园
——四川雅安集贤幼儿园

A Paradise on Field Ridges
—Jixian Kindergarten in Ya'an, Sichuan

邹艳婷
Zou Yanting

[摘　要]　在乡村儿童早教资源缺失的背景下，通过设计的介入，呼应场地自然特征，保留原有地形，解决建设用地紧张的问题，实现幼儿活动空间的扩展和多样性，并使幼儿园在一定程度上承担公共开放空间的功能，作为新的元素融入乡村生活。

[关键词]　幼儿园；场地价值；儿童空间；乡村建设

[Abstract]　In the context of shortage of resources for early education in rural areas, the intervention by architects solves the conflict between site area and use demand, and achieves spatial extension and variety for children while echoing the natural features and preserving the landform. And the kindergarten as a new element being integrated into existing community is designed to function partially as public space.

[Keywords]　kindergarten; site value; kid space; rural construction

[文章编号]　2018-80-A-062

一、引言

幼儿园是儿童学前成长期间重要的社会活动场所，幼儿园设计以建筑学的原则和方法，创造有利于儿童早期发展的空间，为幼儿带来情绪、认知和行为上的激励。而乡村的地理条件、社区生活、文化习俗等，与城市比较有着自身的特性，其中的幼儿园并非城市模式的简单复制。集贤幼儿园项目，是从思考乡村幼儿园与自然环境的关联、与社会生活的关联以及与儿童自身发展需求的关联出发寻找设计策略，由宏观空间规划到微观空间创造的一项实践。

二、项目背景

作为芦山地震灾后重建计划的一部分，壹基金于2014年启动灾区幼儿园建设项目，计划在雅安地区援建十多所农村乡镇公办幼儿园，旨在改变当地普遍存在的乡村适龄儿童学前教育缺失、公办幼儿园建设滞后或空白的现状。汉源县唐家镇集贤幼儿园是该计划的其中一个项目。

根据联合国儿童基金会有关报告，儿童早期教育能使个人成长长期受益，早期开始接受教育能让儿童在成长中更具优势。重视儿童综合能力的培养，能使儿童早教获得更好的长期成果。但儿童早教资源短缺，是乡村基础教育的普遍现状。以唐家镇为例，拟建幼儿园项目3~4km范围内适龄儿童约700人，且近年呈上升趋势，周边只有5家民办园，约500名学龄前儿童在读。民办幼儿园多以普通民房改建而成，硬件设施、卫生条件、教育理念等都无法满足儿童早教的基本要求。而公办幼儿园则仍然空白。此外，乡村市政基础设施落后，供水供电不足，绝大部分仍为旱厕，卫生条件亟待改善。同时，儿童早教的正确理念在教育部门、家长和村民中均有待普及。教育部于2012年颁布《3~6岁儿童学习与发展指南》，里面明确指出儿童早教要为幼儿后继学习和终身发展奠定良好素质基础。幼儿的学习是在游戏和日常生活中进行的。严禁"拔苗助长"式的超前教育和强化训练。但目前儿童早教的需求在乡村地区更多地落在托管或为小学学习做准备上，幼儿园常见采用小学化教育模式，对幼儿过早进行读写、算数训练，片面追求学前教育与小学衔接的短期效果。

建设良好的、软硬件配套的公办幼儿园，是乡村的迫切需求。本项目定位为12个班（容纳360名幼儿）的大型幼儿园，在未来发展中，仍未能完全解决当地幼儿早期教育的需求。

三、设计介入

作为公益项目的幼儿园，是乡村中的新元素，是外部资源干预下，新增的公共教育设施。它应该融入乡村的生活，并产生持续的、良性的作用。建筑师在这里的职责，是"发现价值—创造空间—影响观念"。这项任务最终仍须反映为关注建筑与人和环境的关系，落实到建筑学的手段上。

1. 发现场地的价值

结合乡村自然环境、建筑布局、材料工艺、地方特色、仪式性场景的提炼与营造，进行空间设计，

1.清晨的幼儿园实景照片
2.院内院外

潜移默化培养幼儿对家乡的认知与归属感。一些被当地居民习以为常的、被忽略的价值需要建筑师挖掘和强化。

汉源县唐家镇位于四川省雅安市南部、大渡河支流流沙河的河谷，四面环山。北部海拔3 300m的泥巴山阻挡了四川盆地的湿润气流，全县日照充足、干旱少雨，盛产水果和花椒。尽管平地稀少，但由于人口稠密，坡度较缓的山体绝大部分开垦为梯田和梯级状果林，四季耕种不断。高山、深谷、河滩、梯田、集镇以及山间高架穿行的高速路，自然和人工共同构成了场地气势恢宏的地理格局。与中国目前大部分的乡村一样，唐家镇集贤村沿乡村主路而建，向两侧农田渐次展开，集贤中心校位于主路附近。幼儿园的用地就位于中心校内，一边是学校和村舍，另一边面朝开阔的田园。幼儿园用地原为梯田，有4m高差。河谷、半山、梯田的自然脉络中，乡村的生产、生活与发展，镶嵌在自然的格局中，梯田的田埂构成了场地自然的地文特征。

在设计中，对地形高差的保留，既是对用地周边梯田、灌溉沟渠与田间步道的延续，也为幼儿创造了不同领域和属性的活动场所。建筑师在场地设计时保持了田埂的概念，采用原有的河卵石挡墙用于重塑场地，强化了建筑场所与乡村土地的关联。幼儿园建筑屋面的小青瓦来自周边民居的常用材料，呼应着乡村营造的氛围。幼儿园用地恰好处于农田与村镇的边界，在场地外侧边缘，原来的灌溉沟渠也结合高差重新调整与修葺，延续着周边耕地的生产。在每一个高度上远眺，田园、河谷、远山，这些场地的元素都将深深刻印在小朋友的认知中，成为他们心中童年与家乡的记忆。

2. 问题导向的建筑布局

为了处理紧张的建设用地与12班的建设规模之间的矛盾，设计利用相对集中的布局方式及地形高差解决建筑容量，并与小学校园空间的围合式布局形成呼应。

用地面积2 490m²，根据国家和地方的相关标准，12班幼儿园的用地应达4 300m²左右，可见用地非常紧张。设计首先回应场地面积不足的问题。集约式布局为地面更多的幼儿活动空间提供了可能。12个活动室单元分三层叠放于场地靠学校的一侧，用加宽的走廊联系起来。休息室、音体活动室以一至二层的小盒子的形式，分散插入主体体量，小盒子的顶部成为多个室外场地。建筑整体布局呈现向田园开放的姿态。西南向的活动室可保证充足的日照时间，东北向的休息室则相应避免午休时过强的光线。东向的室外场能在上午获得轻柔的阳光，下午阳光猛烈时，幼儿则能在清凉的阴影下玩耍。首层局部架空成为入口。风沿着河谷吹来，经由建筑体量形成的缝隙轻拂而过。

3. 游戏的空间

不同年龄段的幼儿通过各种游戏学习、成长。幼儿在游戏中能进行感知——运动系统训练，发展力量、平衡、协调、灵活等能力；能在游戏中锻炼人际交往和社会适应能力；能通过游戏激发乐于探索的精神和积极主动的良好学习品质。

基于对儿童成长与活动的认知，幼儿园在设计上尝试提供更丰富多样，适合不同年龄、不同活动模式的游戏与体验场所，场地设计有植物园、器具设施、沙池等，也有结合高差与建筑设计的攀爬草坡、内凹窗台、表演舞台与座椅、滑梯等。在建筑内充分利用不同高度的屋顶、走廊，提供更多的活动组织空间，也提供更多不同年龄儿童共同玩耍、观察、学习的可能。设计的结果让建筑的室内室外空间都处在一个被不同活动激发的游戏氛围中，希望通过建筑学方法对管教式小学化的幼儿教育定式有所突破。

外部场地保留了原有地形的格局，由南向北跌级下降。最北部的音体活动室处于标高最低处，南面的折叠门可以整体打开，与升起的台阶恰好形成室外小剧场。中部有平坦的活动场地。向南逐级升高的平台分别是游戏器械区和植物园圃。南面最高点最终与二层"街道"衔接，形成一个空间回路。在这个回路

中，穿插有室内外的楼梯。从A点到B点，每个小朋友可以设计出属于自己的路线。从最低处的沙池、小剧场，到三层的屋面，处于不同标高的活动区互相联系。由此，原有地形关系被保留和强化，赋予了不同的使用可能。

建筑垂直方向的叠加疏远了幼儿与地面活动场的距离，因此要求在各层提供更多开放、亲切的活动空间，这也成为设计的重点之一。如同一个垂直叠加的聚落，除了容纳功能的房子，房子之间的"空隙"承载着幼儿的活动和他们之间的交往。

设计利用不同标高的屋面平台，在二层、三层形成多个班级活动区域，可对应特定班级使用，领域感与开放性并存。通透栏杆和实体栏板使活动平台形成外向和内聚的不同属性的空间。

走廊空间，作为各房间的联系，被发掘出更多活动的可能性。建筑体量为了适应场地边界形成了轻微的折线，走廊被不规则地拓宽形成"街道"，两侧的功能体量被局部的取消，成为"空隙"的一部分，视线也因此打开。如首层的入口、二层的阅读平台、三层的屋顶露台。走廊不再是纯粹的交通空间，其中有开有合，可聚可散，宛如河谷沿山而建的村落内街道，联系着大小各异的房屋晒台、田地，也联系着每家每户。

幼儿园每个功能用房对应着"街道"，也有着表情各异的门及窗户。深窗台形成高低错落的壁龛，满足孩童摸爬滚打的天性，也激发出更丰富的游戏想象，如街道与窗户、户内与户外、隔断与沟通、玩耍与静读、领域与开放等。从功能布局到空间属性、门窗构件要素，设计在不同层面上尝试着为儿童活动提供更多的可能性，调动教师和儿童对空间使用进行不同的探索。发生在这个微缩街道里的交往，伴随着幼儿的日常，潜移默化地融入他们的成长经历中。

4. 与乡村共融的开放空间

幼儿园建筑与相邻的小学围合出较大的活动

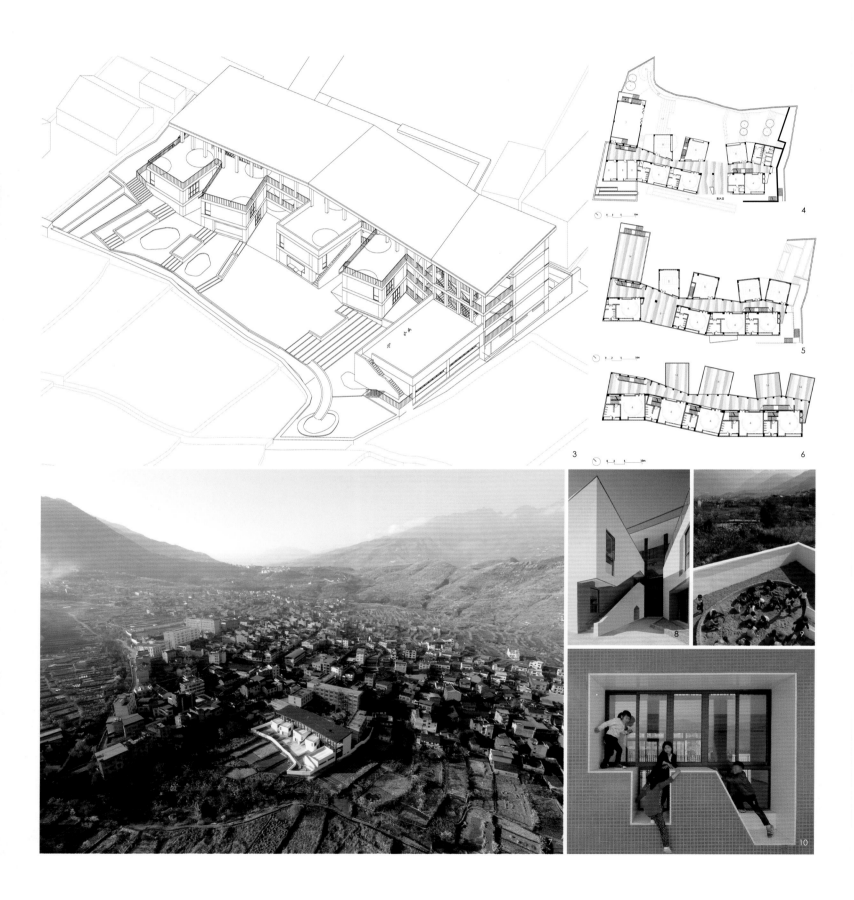

场地，可承担社区的应急避难功能。幼儿园服务于3~5km范围内的幼儿群体，入口、门厅等区域也是家长接送、休息的公共场所。建筑面向河谷方向庭院，沿着台地的下部设置为音体活动室，音体活动室朝向庭院一侧落地窗户可以打开，形成面向台地的舞台，并自然地形成一个表演和观演的剧场空间。剧场空间鼓励社区活动的加入，使建筑成为乡村文化活动的中心。幼儿园提供多样化的开放空间，也留给了教师、儿童、家长一起继续完善的空间，用不同的游戏、器具、手工、绘画慢慢填充不同的角落。

从田野、从周边村路回望，几个错落的白色盒子、与略有起伏的折形坡顶，清晰地标记了幼儿园的方位及其开放的姿态。密闭的围墙强化了幼儿园的领域感，内侧是儿童的嬉戏，外侧是田园的耕作。内外的交流在首层被暂时隔断，首层室外场地成为纯粹的内聚的空间。而二、三层的平台与走廊，使视线与外部再次连通，视野开阔并打破了围墙的隔阂，为园内儿童之间，园内园外儿童与村民之间的交流提供了更多的可能性。

四、结语

幼儿园的儿童空间是动态的创造过程，我们在设计中留出更多的可能性，鼓励老师和幼儿在使用中探索和再创造。随着园内花草树木的生长，树荫下的活动场、与自然结合的环境，会一步步变为现实。

作者简介

邹艳婷，东意建筑工作室合伙人、首席建筑师。

3.轴测图
4.首层平面图
5.二层平面图
6.三层平面图
7.幼儿园鸟瞰实景图
8."空隙"实景照片
9.活动沙池实景照片
10.窗台设计实景照片
11.幼儿园与水田实景照片
12."小盒子"实景照片
13.面向小学的幼儿园立面实景照片

11

12

13

1.崭新的熊猫主题亲子乐园
2.熊猫主题元素体现在制高点、特色铺装、雕塑和LOGO等多处
3-4.熊猫主题LOGO的诞生
5.6种环境空间的布局和表现

绿岛灵境，熊猫为伴
——雅安市熊猫绿岛公园亲子乐园方案解析

Green Island, Panda for companion
—Analysis of Parent-child Paradise in Ya'an Panda Green Island Park

李金晨　矫明阳　程 楠
Li Jinchen　Jiao Mingyang　Cheng Nan

[摘　要]　本文结合雅安市熊猫绿岛公园亲子乐园项目，探索将儿童活动场地设计与当地文化特征、自然资源、地域风貌等有机结合的方法，并通过强调年龄分层设计、寓教于乐的儿童景观、回归自然的童趣空间、安全卫生保障、监护人群的使用需求等方面的实践，以期构建一个安全的、启发性的、有趣的城市公园儿童游戏空间。通过实践和思考，总结在城市公共开放空间的儿童活动场地设计方法和要点，为儿童友好型景观设计提供理论参考和实践先行。

[关键词]　儿童友好；儿童活动空间；熊猫绿岛公园；儿童景观

[Abstract]　Based on the project of parent-child park in Panda Green Island Park in Ya'an, this article explores ways to combine the design of children's playground with the cultural features, natural endowments and geographical features. By emphasizing the age-stratification design, entertaining Children's landscape, return-to-nature playing space, safety and health protection, the usage requirements of custodial groups and other aspects of the practicex, to build a safe, inspiring and interesting urban park children's play space. Through practice and reflection, this paper summarizes the design methods and key points of children's playground in the public open space in the city, and provides theoretical guidance and practice for children-friendly landscape design.

[Keywords]　child-friendly; children's activity space; Panda Green Island Park; children's landscape

[文章编号]　2018-80-A-066

一、项目概况

熊猫绿岛公园位于四川省雅安市新老城之间的水中坝岛上，是雅安市非常重要的城市区域。水中坝岛的规划设计采用了策划—规划—景观一体化全程设计的工作方式，对该岛未来的发展提出了"城市客厅、雅安新名片"的规划愿景，通过结合山水环境，布局公园、文化、商业等设施，为雅安老城区提供一个文化休闲、商业娱乐、健身游憩的综合性场所。其中熊猫绿岛公园规模22.68hm²，是全岛的生态绿核，同时也是雅安市重要的综合性公园。熊猫主题亲

子乐园作为公园中一个重要的功能分区，占地面积约2.1hm²。

设计团队在项目开展前期对雅安市进行了摸底调研，发现雅安市严重缺乏适合儿童活动的户外活动场地，几处经营性儿童游戏场所也存在着缺乏安全性、设施简陋、游戏内容千篇一律等问题。为了解决这一问题，设计团队在熊猫绿岛公园中划出一个片区，希望给雅安的孩子们提供一片更有趣、更安全、更有启发性的专属乐园，使熊猫绿岛公园成为雅安市儿童友好型城市建设的标志性项目。

二、设计构思

雅安市熊猫绿岛公园是全市最重要的开放空间之一，是展示城市形象和地域文化的重要窗口。因此公园的儿童活动场地设计从主题形象和空间营造两个方面进行设计构思，并形成方案的基本架构。

1. 主题形象——熊猫和它的朋友们

（1）乐园主人公——大熊猫

雅安是世界上第一只大熊猫的科学发现地、命名地和模式标本产地，还是重要的大熊猫栖息地生态

竹林传声　　无边森林　　蛙鸣水潭　　丘陵迷宫

勇者山峰

湍流飞虹

走廊。熊猫雅安市是最具代表性、最受百姓喜爱的主题形象，设计团队巧妙的将雅安市的熊猫文化与亲子乐园结合，从公园标志性构筑物到地面铺装均结合熊猫元素进行设计。

（2）其他动物形象

雅安复杂多样的地貌和植被孕育了种类繁多的野生动植物资源，不仅有憨态可掬的大熊猫，还有包括小熊猫、金丝猴、白唇鹿、黑颈鹤等近百种珍稀野生保护动物，是动植物的天然乐园。资料数据显示，雅安境内分布着470余种陆生野生动物，其中，国家一级重点保护动物17种，国家二级重点保护动物58种，四川省重点保护野生动物19种。

方案不仅围绕大熊猫打造主题形象，还结合当地这些珍贵的动物资源塑造活动设施，开展游乐方式。小朋友们可以对着金丝猴传声筒说悄悄话，也可以在巨型喷水青蛙下感受奇妙的小人国体验，在玩耍的过程中认识更多的本地特色生物，以寓教于乐的方式宣传和推广雅安丰富的物种资源。

2. 空间营造——师法自然

雅安位于四川盆地西部边缘，气候温和，冬少

竹林　森林　水潭　丘陵　山峰　河流

严寒、夏无酷热、雨量充沛，境内山脉纵横、地表崎岖、河流交错、森林茂密，正是这样多元的自然禀赋和地域风貌，孕育了雅安丰富的基因宝库。

我们从雅安丰富多样的生态环境中提炼出竹林、森林、水潭、丘陵、山峰、河流等6种自然风貌为设计蓝本，通过小品、地形、水景、铺装纹样等方式模拟6种自然风貌，并植入特色的游戏和活动项目，使小朋友们在6种特色空间中不仅可以体验抽象的空间变化，同时在"声""触""视""体能""方向感"和"平衡感"等方面得到锻炼。

三、方案解析

1. 竹林传声

"竹林传声"分区是以竹林山谷为设计蓝本，通过密布的绿色不锈钢管高低组合，结合曲折路线和齿状围合的地形，模仿曲径通幽的竹林山谷环境。在"竹林"之中藏着金丝猴、粉红马、长颈鹿等小动物，它们两两一组通过地下管道连接，形成传声筒装置，小朋友可以寻找配对，并对着传声筒说悄悄话，游戏的同时学习声音传播的知识。该分区面向3~6岁年龄层的儿童，可以提供具有互动乐趣的声觉体验。

2. 无边森林

"无边森林"分区内有高耸的黄葛树、丰富的地被和一排排长短不一的圆木桩座椅，在镜面墙的镜像下变得深邃无边。

圆木桩座椅与地面以弹簧相接，即是休憩的区域，也是妙趣横生的游戏区域，孩子们站在木桩上玩耍，可以锻炼身体协调性和平衡感。场地两侧的不锈钢镜面墙相对而布，将空间既违和又无限放大。

3. 蛙鸣水潭

"蛙鸣水潭"与无边森林相邻，以低矮的薄水面溢水池的方式打造水潭，水潭边有个大型青蛙雕塑在喷水，水潭中还有几只小青蛙在"游泳"。

通过夸张尺度的手法，空间对于大人和儿童都"变大了"，新奇变幻的空间感受带来更多游玩乐趣。儿童有着亲水的天性，在这里孩子们可以赤脚戏水、在水帘下穿梭、躲在巨型青蛙的臂弯下休息，大人们也被这样的场景所吸引。

4. 丘陵迷宫

以塑胶地形围合出蜿蜒的丘陵迷宫，大型的不锈钢管模仿竹筒，穿插在起伏的塑胶地形之间，儿童可以在其中爬行、跳跃，寻找走出迷宫的捷径；地面用不锈钢板做成熊猫脚印的图案，引导儿童穿梭路线；三两成群的熊猫雕塑仿佛是在引领着迷路的小朋友走出迷宫。孩子们通过观察、思考、探索去寻找出口，激发了冒险精神和方向感。

5. 勇者山峰

勇者山峰区主要面向3~6岁的儿童，这里有各种充满挑战的活动设施，如儿童攀岩墙、组合爬网、穿梭廊、山峰滑梯等。组合爬网激发了儿童的勇气和平衡感，攀岩墙锻炼了身体的力量和协调性，山峰滑梯带来了速度的刺激。在家长的看护下，孩子们不断突破自己，在玩耍的过程中增强了体能和自信。

6. 湍流飞虹

湍流飞虹分区面向多个年龄层的儿童，场地以起伏的地形和流动的铺装纹样表现湍急的河流和旋涡。在这里孩子们可以在彩虹桥上流连、在蹦床上高飞、在轮滑池挑战极限、在鱼屋里张望外面的世界、在熊猫塔感受滑梯的速度，尽情徜徉在彩色的涡流之中，体验丰富多彩的游戏乐趣。

乐园中最醒目、最具标志性的便是场地中央的熊猫塔。熊猫塔是集城市地标、观光和儿童游乐为一体的综合性功能塔，塔高20余米，塔身分四层，每层设旋转楼梯，具有夜景发光变色效果，夜晚灯光交替变幻，孩子们乐在其中、流连忘返。

6.熊猫乐园总平面图
7.提炼6种自然环境特征作为空间设计灵感
8.竹林传声节点方案
9.小动物传声筒
10.无边森林节点方案
11.弹簧圆木座椅
12.蛙鸣水潭节点方案
13.大型喷水青蛙
14.勇者山峰节点方案
15.穿梭廊、滑梯、组合爬网
16.丘陵迷宫节点方案
17.用地形表现连绵起伏的丘陵地貌
18.湍流地形节点方案
19.穿梭廊、滑梯、组合爬网

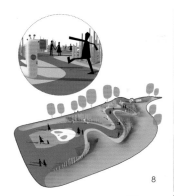
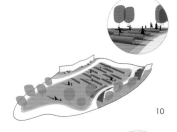

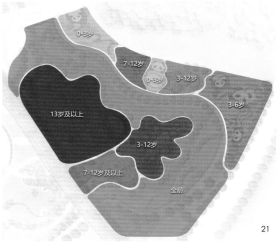

20

21

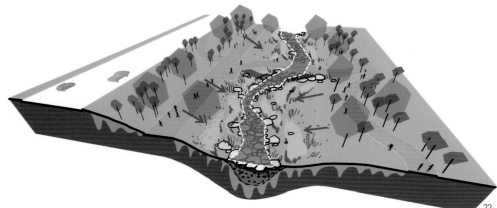

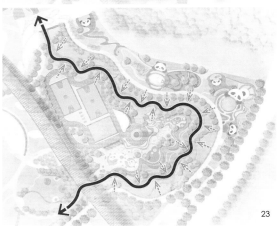

22

23

四、儿童友好的设计考虑

1. 年龄分层设计

孩子们在各个成长阶段都有特定的玩耍方式，营造儿童游乐景观的时候需要了解这些成长阶段的行为心理和活动特点，以便为不同年龄段的孩子创造合适的游乐空间。总的来说，我们将儿童的年龄层分为0~3岁、3~6岁、7~12岁、13岁或以上，针对各个年龄层儿童的身体条件和心理诉求，将熊猫乐园进行年龄差异化的功能分区并赋予不同主题，从而满足全龄儿童以及成年人的游玩运动需求。

2. 寓教于乐的儿童景观

（1）雨洪管理科普走廊——彩石溪

环绕公园营造了一套"彩石溪"生态雨洪管理系统——以下凹绿地为主，是景观化的雨水调蓄设施。彩石溪从熊猫乐园分区里横穿而过，收集两侧的地标雨水，平常表现为绿地形态，雨量大时发挥调蓄作用。彩石溪内有芦苇、千屈菜、黄菖蒲等丰富的湿生植物和观赏草组团，沿途设置科普展示牌，让孩子们在游玩的同时学习更多自然知识。

（2）认识身边的一草一木——植物信息牌

为了吸引儿童对自然环境认知的兴趣，熊猫乐园里大量运用了樱花、垂丝海棠等开花乔木，下层绿化以波斯菊、葱兰、石蒜等开花地被为主，从视觉和嗅觉上吸引儿童的兴趣。同时，每一种植物都配有卡通形象的树种标识牌，让小朋友们边玩边学，认识身边的一草一木。

3. 回归自然的童趣空间

除熊猫乐园内五彩斑斓的儿童活动场地，在熊猫绿岛公园的其他分区也设计了多处更加贴近自然的童趣节点。公园中央的大草坪是小朋友天然的游戏场，孩子们在草坪上追逐、踢球，释放天性。活动草坪旁有三只雅安保护动物"白唇鹿"雕塑，守望着公园里的人们。大草坪四周围合的密林将活动场地与城市喧嚣隔绝，孩子和大人们在公园里可以尽情地回归自然、放松心情。

4. 安全卫生保障

儿童有着活泼好动爱探索的天性，但也缺乏对自身保护的意识和能力，很多人认为儿童在游乐的时候出现跌倒或者碰撞是司空见惯且难免的事，然而作为设计师，我们应该对游乐的安全性给予最高

的重视。

游乐设施的安全性体现在各个方面，如滑梯和秋千周围应预留足够的缓冲区；游乐装置的零件或拐角要进行柔化处理；场地铺装应采用无毒、环保、柔性的材料；喷泉装置需注意水花的大小和压力；等等。

在地形坡顶、步行桥两侧等地，设计了模仿竹竿的不锈钢管子喷漆，在明确场地边界的同时，也保障了游玩的安全性和整体美观性。

在沙坑区、轮滑区、跑道旁、篮球场等活动强度较高的区域，均布置了高低洗手池和饮水器，方便家长保持孩子的卫生。夜景照明中有大量麦穗状情景灯，布置这些情景灯时可以跟绿篱相结合，预留足够的安全距离，既保护儿童安全，也保障了设备的正常使用。

5. 监护人群的使用需求

在儿童乐园的景观设计过程中，监护人的使用需求也是中应该考虑的因素，特别是在0~3岁儿童的游戏空间中，由于儿童对监护人的依恋更强，成人人数比例更高，成人休憩、看护空间的设置更应该得到重视。因此我们在每个活动分区周围都设置了林下休憩座椅，用来方便家长轻松地看护和陪伴自

己的孩子。

五、结语

在我国，城市开放空间中的儿童活动场地从数量和质量上都存在较大的提升空间，高品质的儿童活动空间不仅可以提升城市的魅力，同时能够有力地推动儿童友好型城市的构建。雅安熊猫乐园以趣味性、启发性、安全性设计原则，结合当地文化特征和自然风貌为设计亮点，通过实践以期对儿童活动空间设计领域的提升有积极的推动作用。

参考文献

[1]彭贵康,李志友,柴复新.雅安地形与降水的气候特征[J].高原气象,

1985(3): 230-240.

[2]彭贵康,康宁,李志强等.青藏高原东坡一座充满神奇魅力的城市：

雅安市生态旅游景观资源研究[J].生态经济,2010(5): 128-134.

作者简介

李金晨，北京清华同衡规划设计研究院有限公司风景园林中心，园林二所所长，硕士研究生；

矫明阳，北京清华同衡规划设计研究院有限公司风景园林中心，园林

二所项目经理，硕士研究生；

程　楠，北京清华同衡规划设计研究院有限公司风景园林中心，园林二所设计师，硕士研究生。

20.熊猫和它的朋友们"欢聚一堂"
21.各年龄层分区
22-23.彩石溪雨洪管理工作原理分析
24.面向0~3岁儿童的传声筒探索互动活动
25.面向3~12岁儿童的蹦床、滑梯等挑战项目
26.面向7~12岁儿童的轮滑活动场地
27.面向青少年以及更高年龄层游人的体育健身活动场地
28.雄壮的"白唇鹿"静静的守望着公园

商业空间与亲子乐园的完美结合，打造儿童友好型空间新模式
——Meebo野孩子主题公园

Perfect Combination of Commercial Space and Parent-child Paradise, Create a New Model of Child-friendly Space
—Wild Child Theme Park

郑叶彬
Zheng Yebin

[摘　要]　示范区景观是对未来生活的描绘，在当今社会将商业空间和儿童活动空间结合起来，是一种潮流。本案通过独特的视角，从儿童健康和安全的角度出发，设计出符合各个年龄阶段的孩子的儿童乐园。在场地上上突破空间局限性，从心理上营造私密空间来满足儿童安全感，激发儿童好奇心，开拓儿童的想象力。

[关键词]　空间；私密；好奇心；想象力

[Abstract]　The landscape of the demonstration area is a depiction of the future life. In today's society, it is a trend to combine commercial space and children's activity space. Through a unique perspective, from the perspective of children's health and safety, this case designed a children's paradise that conforms to children of all ages. Break through the space limitation on the field, create private space psychologically to satisfy children's sense of security, arouse children's curiosity and expand children's imagination.

[Keywords]　space; private; curiosity; imagination

[文章编号]　2018-80-A-072

示范区景观是未来生活的描绘。示范区会给潜在购房者带来各种生活体验，充分挖掘、再现每个人心目中的理想生活场景，设计所呈现的是生活体验与对未来的生活憧憬。本案所呈现的是通过独特的手法将商业空间和儿童空间结合起来。在城市核心区打造一个集休闲度假，老、中、青、少一体化的生活娱乐区。

随着近些年来景观行业的发展，比起以往的景观我们越来越重视人与景观的互动及体验感。互动景观可以更好的使人融入于环境，让设计变得更加鲜活。示范景观尤为如此。亲子主题展示正是该项目的特色所在，整个项目充分利用地理环境，提取了电影《指环王》中霍比特人的小屋，结合蘑菇村、花海植物，使用魔幻的元素，打造儿童友好型空间。结合项目特征，整体设计依次划分为：入口形象生态展示区、浪漫花海区、会所礼仪前广场、花田叠溪洽谈区、儿童活动区、草坪酒吧区及样板庭院景观展示区七个相互融合又彼此独立的空间。而我们今天主要介绍的就是儿童活动区—野孩子主题公园。

什么是儿童友好型空间？怎么才能去营造"儿童友好型空间"氛围呢？

"儿童友好型"空间是指以尊重儿童的权利与需求为原则，适宜儿童健康成长的环境。儿童在其中能够自由且安全的生活、学习、玩耍与交往，感受空间环境的友好，增强儿童对空间的喜爱之情，提升他们对空间氛围的感知能力，进而形成融洽的人际关系。儿童友好型空间将会对儿童需求的实现提供条件并给予保护。它是设计理念、优质环境与美好心愿的集合体现。而亲子乐园是培养孩子和父母之间感情的一个重要的空间，儿童可以在此开展游戏，探索自然，儿童间的交流玩耍等。设计师根据不同年龄阶段的儿童设计符合儿童心理及生理上都乐于接受的环境的布置，家具及雕塑尺寸的选择，创造出满足儿童成长的多元需求，激发和支持儿童主动学习交流的空间情境，使儿童在友好氛围之中获得成长。

众所周知，玩是人之本性，它教会了儿童感知世界、奇思妙想、动手实践、互相交流、自我学习与成长的经验。而友好型的亲子乐园 核心特征便是"玩"。如何从儿童行为入手，利用亲子乐园环境的创设，让孩子在乐园里自发地"玩"，强化孩子是"主人"的空间语言与设计特点，这将是营造友好氛围的关键。"玩"是儿童的基本权利，儿童需要和小伙伴、家人一起快乐地享受生活。在快乐玩耍的同时增强其参与社会生活的能力，培养生活的基本技能，帮助他们真正融入社会，这对少年儿童以及他们的家庭都是很重要的。

"玩"是一种最为本真的快乐心态，它引领孩子带着自发的兴趣、欢乐和满足去体验有趣的活动并学习必要的生活技能。玩耍不应该有任何成年人强制的规定，而应是儿童独自或与陪伴者彼此一起游戏或自由漫步。这将为其创造更多与空间融合、自我思

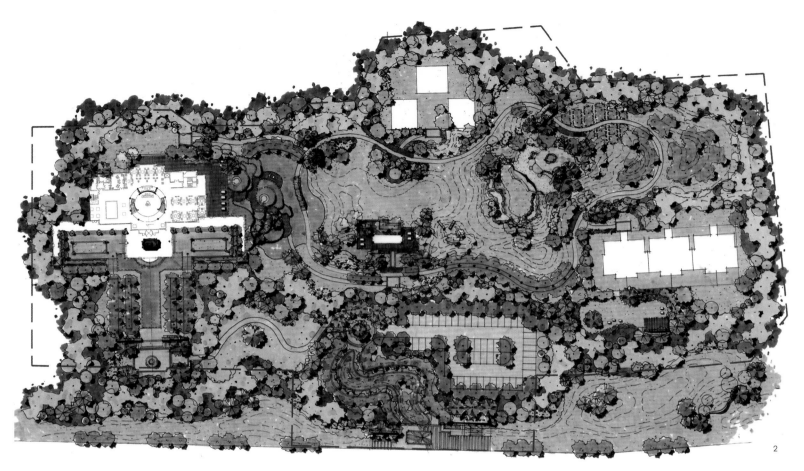

1.儿童乐园手绘图
2.总平面图

考、与人相处的机会，提升其语言表达能力、合作交流的技能，达到增强自信，明确个人属性的功能。因此，如何看待"玩"，如何有"目的"地玩，如何从"玩"中体现友好氛围将是未来幼儿教育目标与儿童活动空间设计的新方向。

儿童活动空间的存在有利于儿童行为的表达。因此，品质优良的亲子乐园对儿童产生的"空间教育"也将影响更大，意义更深。那么，如何用亲子乐园的"空间特质"来引导儿童行为，让其获得更多的身心自由呢？

第一，突破空间局限性，降低空间阻隔程度，与其他功能空间形成良好的呼应。同时，还需要精心设置布局，考虑到儿童和成人能够一起游戏玩耍，也可用作交流、休息之地，满足各种亲子间的需求。在亲子乐园的空间规划上，有一动一静两条线路，动线由小火车贯穿其中，这种设计也是让陪孩子游玩的大人们省下很多体力。在火车形势的路线上，设计师用各式各样的绿植将其隔开，随意摆放着巨型南瓜，还有立在一侧的雪糕形状的标识牌以及红色信灯，一方面考虑到儿童的安全，另一方面，也营造了整个空间

的氛围，继续深化了整个乐园的魔幻主题，每一个细节都体现了对儿童的友好性。另一条静线，则是由花海树林组成，适合亲子步行其中，享受自然的美好。

第二，打造儿童私密空间，幼儿在成长过程中会产生安全的需要、独立的需要、自主的需要、尊重的需要等各种心理需要。独处是心理发展的正常需要，人的交感神经与迷走神经交替的兴奋与抑制，需要激烈也需要宁静，人有时无明显的身体外部行为，大脑却在兴奋地活动着。因此私密空间能够满足幼儿的心理需要，使他们健康成长。比如在儿童参与活动的过程中，不是每一个都是很顺利的想加入进去，这时候就需要一个掩饰性的空间来遮掩，再选择恰当的时间和地点来加入这个群体，同样的如果儿童在游戏过程中因某些事情而选择退出的时候，需要一个隐蔽的空间而不被引起注意。所以亲子乐园里面需要给孩子设置"私人空间"孩子可以在这个安静私密的领域，思考、做游戏。蘑菇屋可通过控制儿童的视线以引导儿童的活动，令其充满好奇，积极探索。乐园还需为孩童提供远离成人控制，属于自己的半围合私密游戏地带。孩子可通过多个洞口的设计开发更多的可

玩性，如在其中捉迷藏，做游戏等，同时，又使儿童之间各异的行为干扰降到最低。蘑菇屋和船屋与小山坡形成一个过渡空间，内部是儿童的"新天地"，蘑菇屋外部是"旧世界"与"新天地"的过渡，家长可在这里观看孩子们在私密空间中开展活动。这类空间形式的存在，将会提升儿童的安全感，激发其好奇心与想象力，让孩子在游玩、探索中获取知识。

第三，激发儿童的好奇心，在儿童眼里，世界很奇妙：树为什么会长叶子？小鸟为什么会飞？天空为什么是蓝色的？太阳为什么会升起和落下？……他们对每一件"不可思议"的事物都会产生强烈的好奇心，想将它们弄明白，这就是求知欲。在日常生活中儿童容易对新鲜事物或事件产生好奇心，从而激发儿童学习新鲜事物的兴趣。在好奇心的督促下儿童产生探索欲望，对新事物得接受能力也会随着好奇心的强弱而改变，好奇心越强接受新知识的速度就会越快。在儿童的日常生活学习中激发儿童好奇心是让儿童轻松接受新鲜事物和学习新知识的一种不可缺少的方法手段！

儿童刚刚来到世界的时候对所有的事物都是陌

3.树屋滑梯手绘图　　　7.剖面手绘图
4.蘑菇屋手绘图　　　　8.树屋滑梯实景照片
5.船屋手绘图　　　　　9.蘑菇屋实景照片
6.霍比特人小屋手绘图　10.船屋实景照片

3

4

5

6

7

生的。他们对这些陌生事物感觉神秘稀奇，这些
神秘稀奇的感觉就是他们内心潜在的好奇心。儿
童在这种感觉下慢慢伸出自己的小手摸索着让他
产生神秘感的事物，使自己明白理解这些神秘的
东西。在他的摸索中逐渐得到学习和发展。儿童
这种潜在的好奇心使他们对世界充满了探索欲望
同时也让儿童在探索中得到学习和提高。好奇心
成为儿童探索世界的潜在力量。

在甬道施工大体完成的时候跑来了几个孩
子，他们在洞口看着甬道里面石头表面长满了
树根，犹豫着要不要进去，眼神里满满的好奇
心理又有些害怕，不知里面是有"宝藏"还是
"怪兽"。看到这些我们突然意识到，也许可
以在甬道里增添点什么，让孩子们的探险更加
刺激。于是我们决定在甬道入口的地方融入一
个树精灵，树枝盘根错杂，整个甬道都被它所
覆盖，一个树精灵让一个只有石头和枯树根的
甬道一下子就活了。

第四，开拓儿童的想象力，想象力属于人
所特有的高级认识的过程，想象力是人将头脑中
已有的客观事物形象重新组合成某种事物新形象
的过程。而幼儿期是想象力发展的重要时期，幼
儿想象力的特点是：主要以无意想象为主，内容
简单、结构单一，一般都是自己生活的翻版，记
忆的成分多想象的成分少，并且想象和行动相结
合受情景的影响。因此，设计师通过卡通人物形
象，夸张的房屋造型引导发展儿童的想象力，通
过创设环境等方面来培养幼儿的想象力。 在孩
子的想象中，亲子乐园中的雕塑、装置等物品皆
有生命，它们与儿童情感互联。因此，如何基于
儿童的行为活动特点，整合设计这些物品，挖掘
其使用时的乐趣，从而创造出一种独特的活动方
式，将对儿童的身心成长，行为方式与创造力的
培养起着积极作用。

霍比特人小屋的结构如丘陵，可以延伸出
各种活动行为，从孩童的视角来看，面前的小屋
就像一座"山"，"山下"是用石材堆叠起来的
墙面和屋顶，"山上"是绿色的草坪，石材和草
地颜色的反差，营造了电影中真实的场景。此
外，还有形态各异的卡通人物雕塑和一些桌椅板
凳与之搭配，这些物品是根据儿童的身高和行为
习惯而设计的，可以让儿童互动，坐下，攀爬。
他们可以在高低错落的环境中与家长并行，也可
以单独穿越。在屋子的对面，是一棵造型奇特的
"古树"，树的中部是一个滑梯，树枝上一个秋
千，在整个环境氛围的营造上，设计师可谓是下

11

12

13

了不少功夫，这些设计与空间结构的组合使得游乐空间立体化、灵活化，引导孩子在其中进行丰富的创造性行为。

　　设计师的女儿给了他很多的设计灵感，自宝宝呀呀学语来，每天被宝宝的各种问题包围：蓝精灵的森林在哪里？穿上水晶鞋就可以像灰姑娘一样变成公主吗？小矮人和我谁比较高……久而久之，经常会被带入小孩子的世界，会尝试着以他们的视角看世界。当父母蹲下和孩子交流玩耍的同时，会发现另一个不同的世界。

　　每一个孩子都希望有一个平等自由，关系融洽的环境，在其中活泼愉快、积极主动、地玩耍、学习、合作与成长。那怎样才能让孩子和家长之前相互感知相互了解，积极主动的参与到其中，是设计友好型亲子乐园的又一关键，其核心便是"紧抓"尺度。首先，应遵守主线设计原则的尺度感，即孩子在乐园的任何一处玩耍时，都能清晰地感受到整个空间的尺度范围，以及自身和家长之间的距离，并随时可向成人寻求保护，使儿童具有安全感。其次，应确保从儿童的视角高度容易发现与其他孩子共同游戏的机会；最后，家长尽可能的多蹲下来陪伴孩子。虽然，家长会对适合儿童的尺寸感到不适，但却在行为上做出了

表达，表现了平等的姿态，让孩子在互动中增进了安全感和亲情，凝聚了对活动空间的认识，关系自然也更加密切。在乐园家具的选择上做深思熟虑，选择了适合孩子尺寸的桌椅板凳，在形式上也选择了具有奇幻风格的木头作为基础。综上所述，通过引入友好型活动空间的设计理念，能丰富儿童活动的形式，全面锻炼儿童的感知，使孩子们在游玩中深度体会到人、空间、物彼此关系的奥妙，提升儿童活动的幸福感。

　　生活在都市的孩子们，整天见惯了车水马龙，闻惯了汽车尾气，没有机会亲近大自然，感受清新的空气。在这点上，设计师也是考虑到这一点，单独规划出一片区域，设计成儿童活动场地，可以草地上看书，放风筝，野餐，休息，做游戏。为亲子活动提供了场地。并且在草地上放置了一些动物的模型，大象，山羊，成群结队的在草地上，有的低头吃草，有的抬头远望，给普通的草地上增添了些许生机，也是为孩子提供了视觉上的焦点及活动空间。

　　设计之初，是为了让孩子们离内心期望的生活更接近，设计师摒弃对形式、表象的崇拜，回到生活深处，回到温暖的原始质感，重现自然对生活的隐喻。而亲子活动参与者由父母与子女两部分构成，是亲子互动最直接的受益者。良好的亲子关系

有助于儿童更好地与他人沟通与合作，对大人的身心也大有裨益。在优秀的亲子互动空间中，儿童可以在为自己量身定制的娱乐中提高观察力和创造力，为其个性与兴趣的培养提供平台。家长可以在休闲时间里尽情放松，在和孩子一起玩耍中找回童心，缓解生活压力。

项目负责人

郑叶彬

作者简介

郑叶彬，M·BDI英斯佛朗集团设计总监。

11.霍比特人小屋实景照片
12.会所夜景照片
13.会所日景照片
14-17.设计效果图

基于儿童友好型城市理念的大型城市公园设计研究
——以洛嘉魔方乐园为例

Research of Large Urban Park Design based on the Concept of Child-Friendly City

颜 佳 郑 峥 郑红霞
Yan Jia Zheng Zheng Zheng Hongxia

[摘　要]　在城市现代化进程中,机动车和高密度建筑组团改变了以往城市的面貌,城市环境对于儿童不再安全。伴随着大量事故和冲突的出现,儿童的健康成长环境再次成为社会关注的热点,然而现有的城市空间却往往不能满足这样的社会需求。很多公园和儿童场所项目流于形式,预留出一块仅仅满足规范要求的场地,浪费了资源和空间,却没有达到实际的效果。根据联合国儿童基金会发布的标准,儿童友好型空间应满足针对儿童的安全性、可达性、综合性和自然亲和力这四个方面的基本要求。这就需要在项目中保证空间分布的合理、设施装置的稳定性和充分结合生态环境的设计手法。本文以一座大型公园项目案例对上述四个方面进行阐述,探讨如何营造可感知的大型儿童空间环境,并在儿童友好型城市的视野下,探讨大型城市公园传达儿童健康成长环境的重要性。

[关键词]　大型城市公园;儿童友好型;城市公共空间

[Abstract]　With the progress of urban modernization, vehicles and high-density building groups have changed urban appearance, the city environment is no longer safe for children. With the emergence of lots of accidents and conflicts, children's growth environment has become the focus of society concernment once again. However, the existing urban space can no longer meet the needs of society. Many children activity places have become formulaic. Designers only reserve a site which just meets the standards but cannot achieve desired effects, that is just a waste of resource and space. According to the standards published by the United Nations Children's Fund, child-friendly space should meet the four basic requirements for children's safety, accessibility, integration and green space. This requires a reasonable spatial distribution in the project, the stability of the facilities and design methods combining with the ecological environment. Taking a large park design case as an example, the paper elaborated the above four aspects, discussed how to construct sensible large children's activity space and the importance of creating healthy growth environment for children through constructing large urban park In the perspective of child-friendly city.

[Keywords]　large city park; child friendly; urban public space

[文章编号]　2018-80-A-078

一、研究背景

在城市现代化进程中,机动车和高密度建筑组团改变了以往城市的面貌,种种原因导致城市环境对于儿童不再安全。在这样的背景下,儿童越来越倾向于室内活动。根据中国儿童中心的数据,城市适龄儿童中27.5%每日室外活动不足一小时,而这一发展趋势还愈加严重。造成这种局面其中一个原因是现有的活动场地无法满足儿童的需求。近年来儿童活动场所已经成为规范在具体的项目中实施,然而仅仅预留一块满足规范的活动场地,实际效果不太理想。一方面活动场地缺乏可达性,导致其使用率下降,另一方面乏味的活动空间难以满足儿童喜欢探索的需求。

国际社会对儿童友好型城市的关注和研究由来已久。1989年第44届联合国大会提出的《儿童权利公约》声明儿童有权利生活在卫生、安全的环境中,有权利自由地玩耍、休闲,提出将儿童权利作为城市发展的核心。1996年联合国关于人类居住环境的第二次会议决议提出儿童友好型城市的理念,是通过一定措施,提升原有街区或城市的儿童友好度。之后的几十年间,很多国家开始致力于儿童友好型城市建设,并取得了一定的成效。儿童友好型城市旨在维护儿童的权益,通过对儿童的生活环境的改善,实现儿童在身体、心理、认知、社会、经济上的需求和权利的城市。

二、儿童友好型空间

建设儿童友好型城市,公共空间的儿童友好型建设是其中重要的一环。城市公共空间为所有居民提供平等的活动权利和社会交往的权利,公共空间的儿童友好型设计可以提供更健康的生活方式,提高社会交流的频率并且维持城市发展的长期可持续性。

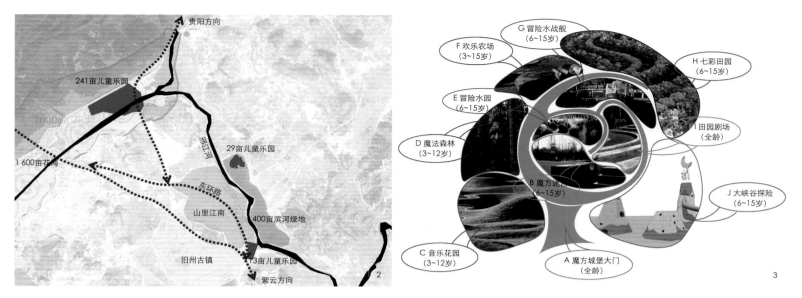

1.水战舰主题区
2.山里江南周边主题乐园分布图
3.主题乐园分区规划图

1996年联合国儿童基金会和联合国人居署共同制定和提倡的"国际儿童友好城市方案"(CFCI),成为儿童友好型城市空间建设的"大宪章"。对于儿童友好型空间的一个共识,即满足儿童活动的四种属性,分别是:安全性、可达性、综合性和自然亲和性。这四项属性分别满足了儿童身体和心理的需求,同时促进了儿童的健康成长。值得注意的是,在设计过程中,这四项属性往往是相辅相成、相互影响的。例如,可达性增大到一定程度,往往空间内的安全性就会下降;抑或过于注重自然亲和性往往导致空间过于乏味,综合性达不到保障。

面对上述问题,必须对项目进行全面了解,才能更好地完成儿童友好型空间设计。同时儿童友好型空间涉及多元化的专业领域,包括心理学、社会学、城市设计、生态设计、经济学等。所以,在此类项目的设计过程中,需要更多专业的团队相互配合,最终达到令人满意的效果。

三、大型儿童主题公园

城市公园是城市公共空间中的关键要素,其服务半径较大,可以同时服务于更多的市民。利用较大的使用空间可以丰富场地内的布局,协调不同年龄的儿童之间、儿童与成人之间的关系。更重要的是,作为标志性要素,大型城市公园往往向公众传达着先进的社会理念。鉴于社会对于儿童友好型城市的迫切需求,城市公园的儿童友好型建设对于儿童友好型城市的整体布局十分重要。

在这样的背景下,山里江南洛嘉魔方乐园(以下简称魔方乐园)从策划到规划再到最终实施落成,极大地促进了安顺市的儿童友好型城市建设。魔方乐园是安顺市山里江南洛嘉儿童乐园项目中三座儿童主题乐园之一,位于安顺市东南部,与其他两座乐园分布在九州古镇和花海景区周边。规划建设中的其他两个公园,分别位于景区的北端和东北端。这些具有鲜明主题文化的儿童乐园分布在城镇周边,以亲子互动和文化教育为主题有序的分布,在区域内形成了一定的规模。

魔方乐园项目总建设面积28亩,是所有公园中较大的一个。项目场地地形多变,生态资源丰富,东临1 600亩花田、南临大型荷花塘,为儿童主题公园建设提供了良好的基础条件。根据场地现状,将地形按照自然地势以魔法城堡为中心,形成了九大功能板块:魔方城堡大门、魔方迷宫、音乐花园、魔法森林、冒险水园、欢乐农场、七彩田园、田园剧场、大峡谷探险。场地内整体采用了无动力设施,通过创意设计、精致的营造技术为生活在城市中的孩子们提供创意、交流、学习和快乐的空间。儿童乐园的游戏装置都是洛嘉品牌自主设计、生产、安装的,致力于为儿童提供可持续性的快乐,有利于打造儿童友好型城市公园。

四、理论实践

1. 安全性

儿童友好型公园首先要保证儿童的安全,具有安全性的空间可以为儿童提供一个稳定的活动场所。为了提高空间的安全性,重要的是保证空间可见性,

足够的光线既可以促进儿童的成长,也为监护人提供了良好的视线。从儿童心理学看,儿童更倾向于在明亮的空间中探索。在魔方公园中,每个主题分区的布置都结合了一片开阔的场地,丰富的照明在保证主题氛围的同时,也为游客一家提供了安全的环境。

场地设施的安全也是保证安全性的重要手段。儿童活动设施是保证场地丰富主题的要素,本次项目完全使用了无动力游乐设施。相较于动力设施,无动力设施不借助任何非自然外力及能源而具备游乐设备特质的主动体验型设备、设施。为了保证安全,场地内的所有设施都进行了儿童人体工程学设计,设施的棱角都经过了圆角处理,最终在自营工厂中生产并实地安装,在整个流程中保证了整个公园游乐设施的安全性。

2. 可达性

1989年联合国发布的《儿童权利公约》规定儿童享有公平的发展权利,需要结合可达性与动态发展。为了让所有儿童都享有公平的使用权,空间设计需要具有适当的可达性。在整个城市层面中,三座大型儿童公园的分布保证了公园的服务范围覆盖城市的西南区域。其中魔方乐园更是靠近交通干道,坐落在多个居住区之间。魔方乐园的主入口具有高度的可识别性,大量儿童游客在像素魔方主题的吸引下来到园内。本次方案在主入口处设计了公共停车位,以满足家庭的游园需求。

在园内,更强的可达性需要更多手段保证安全,包括:适当的空间尺度(如游览路径的宽度、斜坡的坡度)、人性化的路面材料质感(如防滑表面)和清晰易懂标识系统(如导向、警示、使用说明

需要成人辅助活动，感知力强	在成人的看护下活动，喜欢模仿和体验	成人视线范围内自己活动，个体表达强烈	可独立活动，积累文化信息
0~2岁	3~5岁	6~7岁	8~12岁
分隔区域	彩虹蹦床	游戏堡垒	互动多媒体
托儿所	喷泉广场	浅水池塘	隐藏停车场
家长聚会	树屋	快乐桥梁	舞蹈雕塑

4

等）。统一的小品风格和标识系统可以指引家长带领儿童快速进入感兴趣的区域。以上设计手段可以大大提高公园各空间，尤其是对于儿童的空间可达性。

从儿童行为心理学的角度，不同年龄段的儿童具有相应的行为习惯。本次项目综合考虑公园游戏类型与各年龄段儿童的不同需求，设计了不同方式的行进路线，包括：用于跑跳的开阔场地、攀爬的斜坡、钻爬的地洞通道等。根据不同年龄段的行为习惯，组织场地内的儿童有序地活动，各区域内以三级园路贯穿全园，使儿童可以更多地体验探索的乐趣。

秘洞探险项目设计了自然起伏的地形，通过地形变化可以将场地进行自然的分隔。利用这些地形挖掘洞穴通道，儿童可以钻来钻去，体验秘洞探险的乐趣。洞穴增加了私密性，能容纳1~2名儿童，位置提供舒适惬意的空间，对喜欢攀爬或需要私密空间的儿童来说非常必要。

3. 综合性

好奇是儿童的天性，对于儿童一个综合性强的空间往往比单调的空间更具有吸引力。具有综合性的空间便于结合多元文化，促进儿童之间的交往和成人与儿童之间的交流。一个平稳的活动场所可以保证绝对的安全性，却往往失去了对于儿童长期持续的吸引力。

另一方面，游乐场中常见的动力娱乐设施虽然经常可以吸引大量游客，但短暂的体验加之高昂的运营成本，往往限制了儿童类项目的发展。同时，常规动力设施能够提供的只有感官上暂时的兴奋，同质化的游乐设施导致儿童公园之类的项目降低了使用者的二次体验，致使公园的发展模式不具有可持续性。

相比之下，无动力游乐设施虽然整体的吸引力不及动力设施，却可以提供长期的探索体验。同时，无动力设施可以有效地结合当地的自然生态和文化娱乐环境，为公园提供了一个有机发展的环境。在以往的设计经验中，无动力设施往往可以更自由地表现场地的主题，多元化的主体更加符合儿童的心理需求。

本项目九个区域分别有八个主题，每个区域按照主题布置了相应的大型无动力设施。这些主体设施包括：魔方迷宫、音乐花园、魔法森林、冒险水战舰、峡谷探险等。其中，喷水魔法柱、喷雾魔法柱、传声筒、水战舰、兔子萝卜组合、转盘、大峡谷、跷跷板、火山爆发、音乐风铃均为自主研发高科技儿童产品。在设计中，每个区域都充分结合了场地生态资源优势，展现了公园的综合性。其中，位于乐园中心的冒险水战舰结合滨水空间布置的无动力喷水设施，为孩子们提供了欢乐的亲水体验。北侧的欢乐农场和七彩田园利用优秀的自然资源优势，营造互动体验，使孩子们充分接触自然，以期传授自然常识并提供有助于身体健康的成长环境。

除了生态，结合当地文化资源也是一种提高综合性的有效手段。本次项所在的旧州镇是一个具有多

元传统文化的地区，当地民族构成包括汉族、布依族和苗族，并在这种条件下形成了独特的傩文化。魔方乐园中的魔法森林区结合当地的傩面具文化，利用微波感应装置实现声音互动和喷雾，让孩子们与空间产生互动体验。同时联动声音播放，声音响起时喷雾喷出，营造出一种荒诞而又充满奇幻的氛围，有助于激发了儿童的想象力。

除了结合多元化主题，空间的综合性还体现在场所中儿童之间的交流频次，这与空间的可达性是正相关的。成人往往不会注意到，儿童也有自己的社会交往习惯，而开放性良好的空间往往可以促进儿童之间的交流，更多的交流可以培养儿童的自信心和友善的品行。位于主入口对面的萝卜兔子组合正是为儿童提供社交机会的主题区，位于场地中央的举行萝卜形象的装置通过轴承可原地绕萝卜中心旋转，是这一区域的标志要素。放大的兔子形象围绕着中心，形成了可供儿童躲藏、旋转、攀爬的空间。这样的布局丰富了开阔、平整的地形，提供了趣味性的同时也为孩子提供了社交活动的场所。

4. 自然亲和性

博特等人的研究表明，反复接触自然环境有助于孩子形成一种环境责任感，所以儿童友好型公园实际上也是环境友好型公园，是对所有人友好的公园。同时，环境友好的理念与本次项目所在地传统文化中

4.各年龄段行为特征分析表
5-9.公园建成后实景照片

对大自然的敬畏产生了良好的共鸣，互相作用下形成了整个城市生态网络的基础。

自然环境作为优秀的资源，可以为儿童提供自然探索和科学互动的机会，这是室内游乐场所无法替代的。当然，相比野外，儿童可以接触的自然需要在安全性上有一定的保证。在儿童活动场所需要确保所有植物无毒、无刺；对于滨水游戏空间规范中也有相应的要求。所以，具有一定安全保障的自然生态环境相对于儿童友好型空间，称之为自然亲和力。

在场地中心的低洼地带，结合滨水空间，方案中布置了探险和战舰两种主题。在探险主题中，利用无动力设施，设计师在场地内布置了丰富的空间。在战舰主题中，无动力设施结合喷水装置，形成激烈的对抗场景，再结合旱景喷泉，营造了一个适合大龄儿童的游戏场景。在欢乐农场和七彩田园当中，我们采用了安全无毒的植物并按照种类有序分布在场地内。

除了植物品种的严格挑选，在景观的用材上我们也严格把控，运用原生态自然元素包括土、石头、木材等，将乐园与自然、田园环境相结合，致力于打造最生态自然的儿童乐园。

五、结语

儿童与其周围的环境有着密切的关系，环境质量影响着孩子们的身心健康。洛嘉魔方乐园在设计中强调儿童友好型空间的四项属性，通过安全稳定的技术和巧妙的设计手段对四种属性加以协调，最终形成规模，带动整个城市的儿童友好型建设。

城市的儿童友好型建设是城市现代化进程中的一次反思，体现了社会发展中的人文主义光怀。洛嘉魔方乐园不仅对于安顺市是一项成功的公园项目，更是国内对于儿童友好型城市建设的一次成功尝试。

作者简介

颜 佳，深圳奥雅设计股份有限公司，研发中心负责人、奥雅设计与管理学院秘书长，博士研究生；

郑 峥，深圳奥雅设计股份有限公司，研发中心研发助理，硕士；

郑红霞，深圳奥雅设计股份有限公司，研发中心研发助理，硕士。

休闲亲子类主题公园深化设计研究
——以浙江安吉 Hello Kitty 家园为例

Deeper Design Study of Leisure Parent-child Theme Park
—Anji Hello Kitty home in Zhejiang Province As an Example

孙秀萍
Sun Xiuping

[摘　要] 浙江安吉Hello Kitty家园位于中国浙江省安吉县，由银润集团和日本三丽鸥共同合作打造。由于跨地域合作，设计文化差异大，给深化设计带来一定的挑战。本文主要结合浙江安吉Hello Kitty家园的具体情况，探讨休闲亲子类主题公园深化设计难点及解决策略。

[关键词] 浙江安吉Hello Kitty家园；凯蒂猫IP；设计难点；解决策略

[Abstract] Zhejiang Anji Hello Kitty Home is located in Anji County, Zhejiang Province, China. It is jointly established by Silver Run Group and Sanrio of Japan. Due to the cooperation across regions, the differences in design culture bring some challenges to deepening the design. This article mainly combined with the specific circumstances of Hello Kitty Home in Anji, Zhejiang Province, to explore the design difficulties and solutions of leisure parent-child theme park.

[Keywords] Zhejiang Anji Hello Kitty home; Hello Kitty IP; design difficulties; solution strategy

[文章编号] 2018-80-A-082

1.概念方案效果图
2.美国概念方案

浙江安吉Hello Kitty主题乐园是由上海银润控股（集团）与日本三丽鸥株式会社以品牌合作的方式构建的"时尚萌主"之作。其集合了中、日、美、欧等各方顶尖创意、规划、设计资源。整个项目占地约900亩，设施面积为9.5万m²，包含酒店、餐饮、娱乐等多项设施，于2015年7月1日正式开园。这也是以Hello Kitty为主角的主题乐园第一次走出日本。深圳市创艺园文旅股份有限公司于2012年4月与上海银润集团签订深化设计合作战略。

浙江安吉Hello Kitty家园位于中国浙江省安吉县，园区区域优势明显，地理位置优越，景色宜人，交通便利。同时，安吉是联合国人居奖中国唯一获得县、中国首个生态县，地处中国长三角经济圈的几何中心与中国杭州都市经济圈重要的节点，处于以上海、杭州和南京为三角的交通圈内。杭长高速、申嘉湖高速横越其间。杭长高速（S14）安吉出口下高速后5分钟内即可抵达园区。

作为浙江省"十二五"规划重点旅游开发项目，安吉Hello Kitty主题乐园重在通过健康家庭主题吸引游客，提高园区玩乐的可持续性。目标是打造自然调和的家园，将温馨、梦境、环保及富有创意的概念贯串整个园区。

一、凯蒂猫IP的格调

凯蒂猫是Kitty第一代设计师清水侑子于1974年设计的卡通人物，版权归日本三丽鸥所有。初期，三丽鸥只将这只系上红色蝴蝶结的小白猫印在钱包上，而未做多元化产品。但令人意外的是，凯蒂猫大大吸引了消费者。随着Hello Kitty的吸引力和号召力日渐增强，凯蒂猫逐渐转变成了一个极强的IP概念，并闻名全球。它不仅虏获了小孩的心，还让大人甚至是老年人都爱上了她。

对儿童来说，她是一个可爱的玩具；对成熟女性而言，Hello Kitty号召怀旧情结，令人回想到童年的纯真；对父亲而言，顺从小孩的购买愿望可以显示父亲的爱。这也是说，凯蒂猫具有吸引不同年纪、品味、风格、愿望人群的能力，使得不同年龄层的人纷纷加入购买的行列。它真正满足了人们对于童真的热望，完全依靠自身的感召力，成为20到21世纪一个长盛不衰的文化符号。据悉，目前，三丽鸥公司已计划耗资2亿美元，拍摄一部以凯蒂猫为主角的长片，并预计于2019年上映。

除借助着怀旧风潮进军电影圈外，三丽鸥还与世茂集团建立了打造世茂主题乐园的战略，试图通过Hello Kitty这个主要IP，打造目前国内唯一一座上海滩主题的Hello Kitty室内主题馆。届时，若品牌、营销、管理、服务全面升级，凯蒂猫IP将给上海带来亿级客流。

不难看出，打破地域界限进驻中国的凯蒂猫有着极强的IP优势。这也是为何银润集团愿意斥资引进凯蒂猫IP打造浙江安吉Hello Kitty家园的主要原因。

二、浙江安吉Hello Kitty家园概念方案更迭

浙江安吉Hello Kitty家园最早由美国THE HETTEMA GROUP提供创意设计概念方案。该方案主题定位为"金、木、水、火、土"，形成了浓郁的生态冒险风格。设计方案效果非常出色。由于银润控股（集团）与日本三丽鸥株式会社对本次项目建设的高度重视，在美国THE HETTEMA GROUP提交整体设计方案后，多次组织专家（三丽鸥株式会社、银润控股（集团）、国内主题公园设计三甲单位）研讨会议对设计方案进行落地前期论证。经过多轮的讨论研究，最后达成共识：觉得凯蒂猫的格调是可爱的卡通风，主色调是粉色，因而美方概念的风格并未能很好地反映出凯蒂猫风格特征。

为真正打造温馨、梦幻的浙江安吉Hello Kitty家园，甲方决定邀请日本丹青社再次创作对比。选择日本方设计有三大理由：一是日本动漫在东亚几乎占据统治地位，在动漫领域有着较高的声望；二是凯蒂猫本身源于日本，日本方对其格调、特性往往比美方更了解；三是日本丹青社曾策划设计过诸多大型游乐项目，而且已在日本东京证券交易所主板上市，实力雄厚。事实证明，日本方出炉的浙江安吉凯蒂猫主题乐园概念方案具有非常浓郁的凯蒂猫味道。

项目概念方案更迭结束，笔者所在单位创艺园文旅集团根据甲方需求立即着手再次转接跟进日方丹青社深化设计。在设计过程中，我们遭遇了一些难题，如跨地域文化融合、材料工艺高要求等，但也提

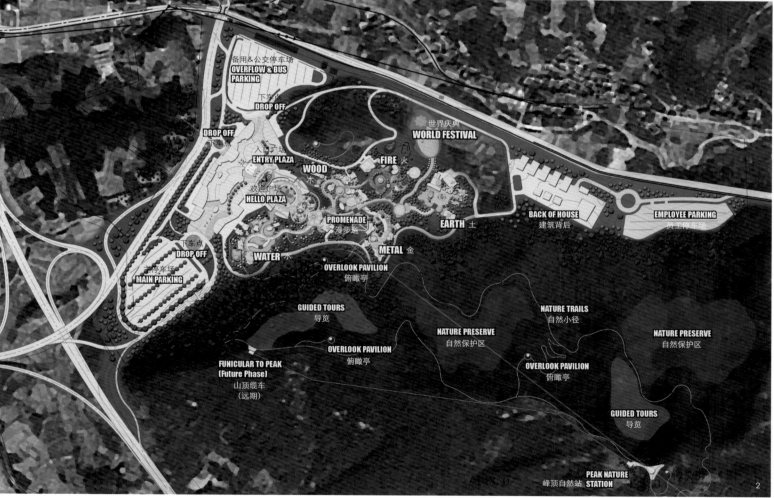

备用&公交停车场
OVERFLOW & BUS PARKING

下车点
DROP OFF

DROP OFF
下车点

入口广场
ENTRY PLAZA

世界庆典
WORLD FESTIVAL

WOOD 木

FIRE 火

欢迎广场
HELLO PLAZA

PROMENADE
漫步道

EARTH 土

BACK OF HOUSE
建筑背后

EMPLOYEE PARKING
员工停车场

下车点
DROP OFF

WATER 水

METAL 金

OVERLOOK PAVILION
俯瞰亭

主停车场
MAIN PARKING

GUIDED TOURS
导览

NATURE TRAILS
自然小径

OVERLOOK PAVILION
俯瞰亭

NATURE PRESERVE
自然保护区

NATURE PRESERVE
自然保护区

FUNICULAR TO PEAK
(Future Phase)
山顶缆车
（远期）

OVERLOOK PAVILION
俯瞰亭

GUIDED TOURS
导览

峰顶自然站
PEAK NATURE STATION

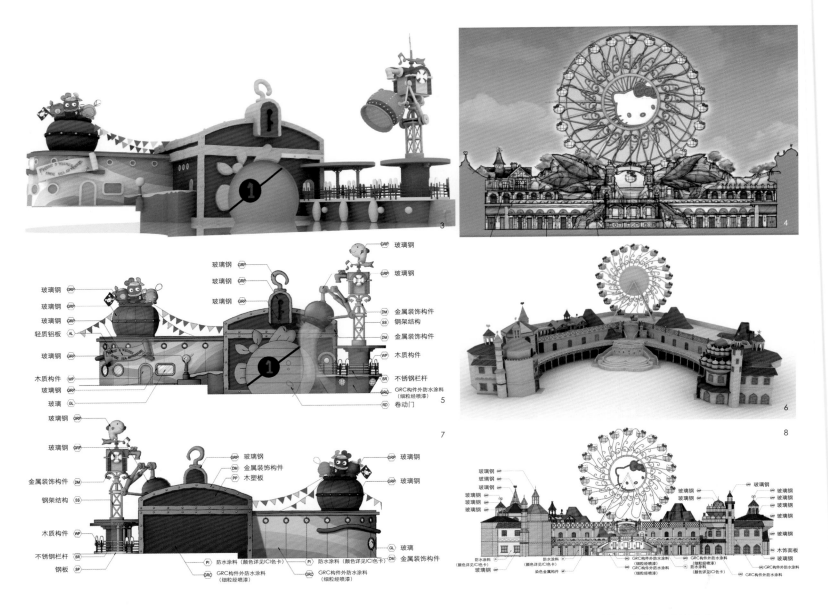

出了针对性解决策略。

三、浙江安吉Hello Kitty家园设计难点及解决策略

1. 跨地域文化碰撞

浙江安吉Hello Kitty家园设计面临的首要问题是中日地域文化碰撞，具体表现为概念方案源自日本，项目落地在中国。虽然中日两国隔海相望，但仍存在一定的设计文化隔阂。特别是在材料方面，日本概念方案中提及的一些材料在中国市场上几乎不可见；日本方提供的效果图有其本国专用术语，必须要重新转换成国内专业用语，才能有针对性地进行深化设计。这在一定程度上拉长了深化设计时间。

为充分保障浙江安吉Hello Kitty家园的深化设计不偏离凯蒂猫本身的温馨、可爱、有爱基调，与日本概念方案保持一致，创艺园主题公园设计中心首先对日本概念方案进行深度消化，凭借公司多年的专业技术经验，针对部分较特殊材料进行材料性能分析，寻找不同地方的材料，并模拟浙江安吉的气候，做各种加强实验，对比这些材料的耐久性、耐磨性、耐侵蚀性等，最后用相似度高达95%的高品质材料替换。

如友谊广场群楼深化设计。友谊广场群楼深化设计的目的是让人们感觉从远古走到了近代（石头和绿色结合），三丽鸥特地在此安排了主人公KIKI和LALA，分别在群楼两侧迎接游客到来。为了突出这种"热情欢迎氛围"，在深化设计时，创艺园深化设计小组特地在群楼顶面安排了亮色和暖色的GRC构件防水涂料（细粒径喷漆）、防水涂料。同时，为突出生态环保的理念，设计师在群楼正立面引进了木饰面板、文化石、仿真草皮和仿真植物。绿色与粉红、

粉蓝、粉紫等暖色搭配，颇有Q感。

类似于城堡的塔楼也是深化设计的一大要点。塔楼设计偏欧美风格，且基本每座塔楼顶端都有一颗"心"，这是一种爱的昭示。为了呈现塔楼的多元化特色，

设计师还特地引进了或高或低、或"胖"或"瘦"的塔楼风格。基于此，深化设计时，设计组应用多种颜色、纹理材料去表现塔楼特色。

整体而言，整个友谊广场群楼的核心理念便是"爱心"，这亦是浙江安吉Hello Kitty家园期望传递给每个年龄群游客的最基本理念。

2. 工艺要求匹敌迪士尼

日本是一个对精细化工艺要求非常严格的国家，其企业亦是如此。日本方提供的浙江安吉Hello Kitty家园概念方案，对工艺的要求不亚于香港迪士

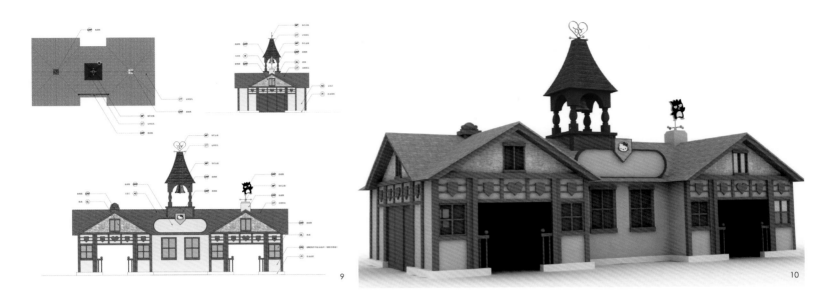

9

10

尼乐园，这对我们深化设计工作提出了更高的工艺要求。为解决日本包装工艺与国内包装工艺的沟通问题，顺利衔接日本方提出的工艺要求，创艺园深化设计小组在完成凯蒂猫主题公园内的景点的色彩、彩艺选型后，都会交由三丽鸥品牌冠名方及外籍设计师及时确认，并根据其提出的修改建议修正造型。

如摩天轮等候区。相比友谊群楼，摩天轮等候区的主色调相对较单调，主要以红、黄、粉、蓝为主。为了保证亮眼的颜色效果，该区块引用了较多染色金属、定制屋瓦、文化石，立面装饰主要应用玻璃钢、玻璃和GRC构件防水涂料（细粒径喷漆），整体呈现出一种欢快的氛围。

3.模型直观展示消除对接障碍

模型是设计师的共同语言，不管哪个国家，何种主题包装设计文化，都可通过模型清楚地了解设计者的意图。基于此，设计组选择制作浙江安吉Hello Kitty家园景点的3D模型向日本方直观地展示具体的设计情况，以保证最终效果的呈现。随后，双方再针对模型进行现场讨论与研究，提出更好的优化方案。这种方式，也在一定程度上提高了各方互动沟通效率，确保概念方案提出的温馨、可爱与有爱氛围得到充分体现。

如在设计欢乐港湾的海洋卫士&海盗商店时，涉及的主题场景、艺术小品、色彩等元素较多，对整体效果要求更高。为避免与日方发生沟通障碍，设计组制作了如下效果展示模型。

该实体模型主要由墙面卷轴、屋顶装饰木桶、钢结构柱顶小鱼装饰、旋转木桶装饰、钢结构柱基、绿色立柱等候区、栏杆及装饰浆立面等部分组成。为了进一步凸显海洋的自然效果，模型还引用

了较大量的木质构件，从而大大强化了概念设计与模型的契合度。

四、浙江安吉Hello Kitty家园深化设计的创新点

在浙江安吉Hello Kitty家园之前，中国还未有规模较大的中日文化相互融合而成的主题公园，值得借鉴的经验非常稀少。由此，如何克服主题公园设计文化差异带来的冲击，与日方、甲方协同合作打造最具魅力的Hello Kitty家园成为了设计的一大难题。得益于创艺园文旅集团十多年的实战经验与造价控制经验，通过严格把控预算，设计组利用现有材料不断创新设计方案，得出了最接近日方Hello Kitty家园方案的设计结果。

为充分确保不偏离浙江安吉Hello Kitty家园主题，创艺园深化设计小组还创新了模型沟通法。我们将每一个深化设计点都先进行电脑三维模型建立与分析，再过渡到实体沙盘模型，从而与日方、甲方实现了最直接有效的沟通效果。该项目的如期完成，也进一步丰富了创艺园的主题公园设计经验。

五、研究结论

（1）文化和设计间存在的是底蕴和延伸关系。要在主题公园设计中充分体现文化底蕴，必须深刻解读文化，把握主题，提炼加工文化审美元素，再融入到主题公园设计中，加强主题公园的文化自我表现。

（2）对比国内外主题公园设计，可知国外设计者更倾向于参考严格的国际标准进行设计，定位极其明确，注重精雕细琢，且对精细度要求较高，这值得

国内主题公园设计单位学习。

（3）参与迪士尼类的国际一流主题公园设计单位，在主题公园设计方面拥有更丰富的实战经验。国内主题公园设计单位可与之积极对接，并吸收其先进的经验，借此丰满自身羽翼，站进一流梯队。

（4）清醒地认知当下的主题公园发展格局，把握强劲IP，如迪士尼乐园引进的各类IP、Hello Kitty等带来的冲击，高度重视IP创新、应用与品性展现，或将提高主题公园的经营发展效率，为主题公园赢得更大的经济效益。

参考文献

[1]茹国和, 蔡斌, 李静. 某主题乐园城堡塔的深化设计[J]. 建筑施工, 2016,38(4):509-511.

[2]段丽. 儿童公园中亲子互动空间设计研究[D]. 燕山大学 ,2016.

[3]薛建华, 孔文, 张力. 亲子互动儿童玩具创新设计研究[J]. 美与时代, 2014(7):108-109.

作者简介

孙秀萍, 高级设计师, 深圳市创艺园文旅股份有限公司主题公园设计中心负责人。

3.海洋卫士&&海盗商店
4.友谊群楼概念方案
5.海洋卫士&&海盗商店工艺
6.友谊广场群楼
7.海洋卫士&&海盗商店工艺
8.友谊广场群楼设计
9.摩天轮等候区工艺
10.摩天轮等候区模型

亲子乐园，商业地产示范区的新宠儿
Parent-child Paradise, the New Darling of the Commercial Real Estate Demonstration Zone

郑叶彬
Zheng Yebin

[摘　要]　在商业空间中，很少有儿童活动区，在房地产行业火热的今天，很少有开发商注意到亲子乐园的存在在商业空间的重要性，本文以蚂蚁王国为主题的亲子乐园作为案例，对其设计理念、方法等做详细的介绍。

[关键词]　亲子；互动；蚂蚁王国

[Abstract]　In business space, there are few children's activity area, in the hot real estate industry today, there are very few developers noticed the existence of the parent-child paradise in the importance of commercial space, this article on the subject of the ant kingdom parent-child park as an example, the design idea and method to do detailed introduction.

[Keywords]　Parents and children; interactive; The ant kingdom

[文章编号]　2018-80-A-086

1.巨型蚂蚁滑梯
2.后场总平面图

　　亲子互动空间即亲子产生互动行为的空间场所，分为室内空间与室外空间。室内互动空间主要指在综合体商场中逐渐兴起的亲子乐园，即通过五颜六色的室内游戏设施搭建的较为安全的游戏场所。而室外互动空间主要有儿童乐园（指在居住区和学校附近设置的有完善安全设施的独立空间）、综合公园中的儿童游戏空间以及儿童公园等可供亲子活动的户外场所。

　　相对于室内的封闭，户外的活动则是以阳光和新鲜空气为伴，动用全身感官共同参与的活动方式。既能满足孩子好动的天性，又增加了他们与大自然的亲近，使孩子在制约大大减少的环境中不断探索观

察，并在运动中锻炼健康的体魄。而室外侧重亲子互动的空间较少，因此承担亲子互动功能的场所便转移到各类儿童游戏区。从国内发展来看，儿童游戏区是在解放后才慢慢出现在城市公园中的，到20世纪50年代中期开始儿童公园的发展步入正轨。目前法律法规已能很好地保障居住区儿童游戏场所的建设，大型的儿童游乐公园也不断地在各大城市发展起来。其中一些主题游乐园所面向的群体变得更为广泛，例如迪斯尼乐园，成为亲子都趋之若鹜的玩乐空间。然而在寸土寸金的城市中，户外游戏空间被一再压缩，数量不足与分布不均等问题使人们无法方便快捷地享受户外游戏的乐趣。在场地的设计上主要是对儿童这一

单独群体进行考虑，不论是娱乐设备种类和尺寸设计上，并未对家长在空间中的需求进行多样化的考量。而在娱乐设施设计上，类型普遍较为单一，多以成品为主，最为常见的就是千篇一律的滑梯构件模式，这种娱乐方式还停留在美国在70年代后盛行的"麦当劳模式"，缺少基本的交流。另外，空间的功能布局混乱，专属性较低，欠缺及时的管理维护，同时也缺少与自然的协调与融合。这类空间还未能全面考虑使用对象的生理和心理特点，为家长和儿童共同营造高品质的游戏场所。

　　本案例比较特别，为了满足商业示范区营销需求，设计师在整个亲子乐园的空间和氛围上下了很大

的功夫。钱隆城蚂蚁王国以蚂蚁为整个乐园灵感源泉和IP,整个空间场景以蚂蚁洞穴为基本空间骨架,突出主题性。

　　受西方教育的影响,国内开始不再单一地填鸭式教育,儿童的兴趣和人格培养越来越受到重视。而玩耍是童年最重要的活动,也是促进儿童发展的良好手段。设计师也在努力站在孩子的立场上,为他们创造更加安全、更具挑战性的以及真正适合他们健康成长的游戏空间。整个场地分为:1~3岁低龄儿童游戏区,3~6岁学龄前儿童游戏区,6~12岁学龄后儿童游戏区。

　　1~3岁是儿童肢体动作智能发展的基础期,此时儿童的身体运动主要是为了培养其肢体的协调性和灵敏性。儿童由坐、爬行、学步逐渐发展到跑、跳等基本运动。但是孩子在完成这些户外运动的时候需要家长在旁边看护,设计师考虑到这一点,就设计了很多小型的山丘以及一些儿童游戏设施来满足这个年龄阶段儿童的需求对孩子来说,日常生活环境中到处都蕴含着可供探索的资源,随便哪个情境,都可能成为引发孩子好奇心、引导孩子提出问题的学习场所。家长要做的首先是消除环境中的不安全因素,然后就可以依据孩子的兴趣提供各种实践材料和工具,放手让孩子去探索。好奇的孩子多半有超乎常人的"动手欲望"。有时表现为孩子一定要拿家中的电视遥控器当"玩具",不给他就大哭大闹;或者还够不着水池的孩子,自告奋勇在帮家长洗菜、做饭,与其担心他们"闯祸",破坏遥控器或弄伤自己,不如教给他各种用具的使用方法。只要家长因势利导,重要的收获还包括锻炼孩子的生活能力,帮助他在未来的探索活动中积累基本的经验,也更有自信。虽然在不危及宝宝安全的前提下,家长不要过分干涉宝宝的思考和决策过程,做"不知道"家长。但在宝宝面临问题时,应适时提出建议,并尽量避免给予负面、主观的说词,例如:"你怎么这么笨?""上次不是已经教过你了吗?怎么这次还不会!"而应该试着将指导者的立场转化为辅导者,站在客观的角度上给宝宝提出建议:"你要不要用这个方法试试看?"这样不但可以给宝宝自己解答好奇心一个正确的方向,也能让他感受到父母对自己的尊重。大自然、社会,甚至是人体,皆是激发孩子好奇心的"舞台"。小河里的蝌蚪、蚕宝宝的脱皮、秋天树叶的变化……这些大自然的千变万化,与心脏是否需要休息,细胞是怎么构成人体的,以及汽车轮船如何行使,汽油是怎么让机

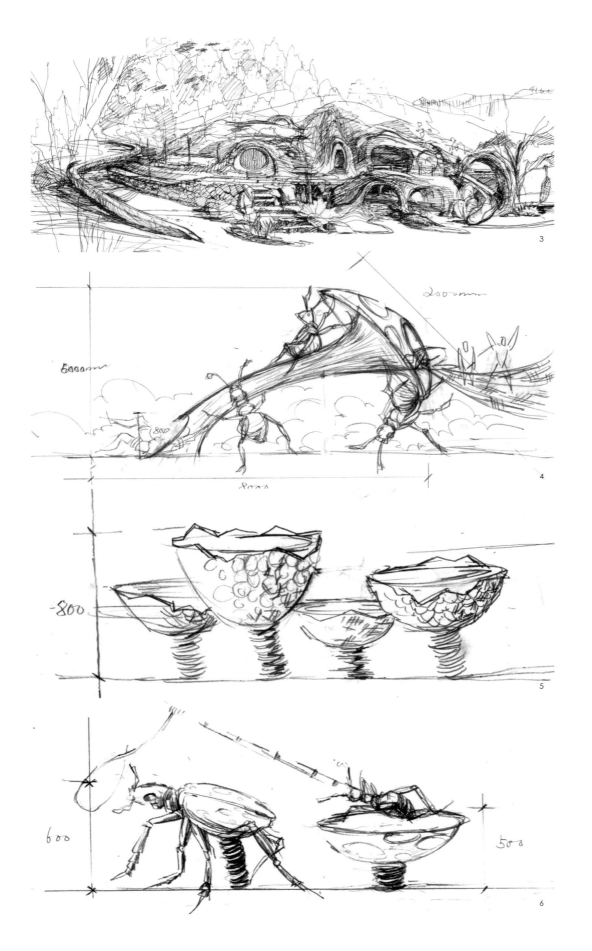

械发动起来，这些在孩子眼中都是一个个谜团，是孩子认识世界的良好契机。经常带孩子仔细并观察这些现象，他的好奇心就会与日俱增，从而多问一些"为什么"，促使他更加仔细地观察、思考。长此以往，孩子会形成自己的思维和想法，最后使创造性思维得以养成。所以场地在满足孩子的好奇心的基础上保证设计的安全系，尺度、空间及游戏设计都达到最优。

3～6岁的儿童喜欢与同伴共同游戏，设计师在乐园的中心地区，设计了一个类似蚂蚁洞穴的场景，整个外观就是一个巨大的蚂蚁洞穴，孩子们可以在里面捉迷藏，做游戏，蚂蚁洞穴与外部有两个大型的滑滑梯，起到联系内外部的作用。另外在蚂蚁洞穴的墙壁上，也设置了可以让儿童用来攀爬的攀岩设施。在保证安全性的同时也是使得游戏内容丰富多样且形象化，形式逐渐转向联合性、合作性，开始学会协作和分享。这时的儿童会全身心地投入到游戏中，通过游戏获得不一样的感受和惊喜，使身心得到锻炼。因此，这个阶段的小朋友开始最近基本的社交活动。孩子对家长的依赖逐渐减少。相对来说活动的自主性和活动范围有所扩大。这个阶段的大孩子喜欢主动照顾比自己小的孩子，因此，孩子之间的协同完成的活动内容会大大增加。因此，会适当的增加活动范围和空间。增加了更多需要互动和探索的游戏设施。著名教育家陶行知曾说过："集体生活是儿童自我向社会化道路发展的重要推动力；是儿童的正常发展的必要。一个不能获得这种正常发展的儿童，可能终身只是个悲剧。"现如今，大多数家庭对孩子过度的呵护，一些孩子变得自私、胆小、依赖，如何使孩子变得独立勇敢？需要孩子参加团体活动。在各种团队协作的氛围中，孩子们很容易感受到彼此的重要性。团体小组中各有着明确的责任分工，孩子们为了完成一个共同的任务，必须进行相互帮助、互助学习。从而培养出自己的团队协作精神。幼儿的团队情感是自己在认识世界的基础上逐渐形成的。在这个过程中，我们应做到尊重幼儿，了解幼儿的实际情况。注重从多角度出发，多鼓励幼儿，让幼儿感受到信任与尊重，进而建立强烈的自信心。良好的同伴关系的建立促使幼儿相互学习，共同学习，共

3-6.交流稿手绘图
7-8.蚂蚁滑梯设计图

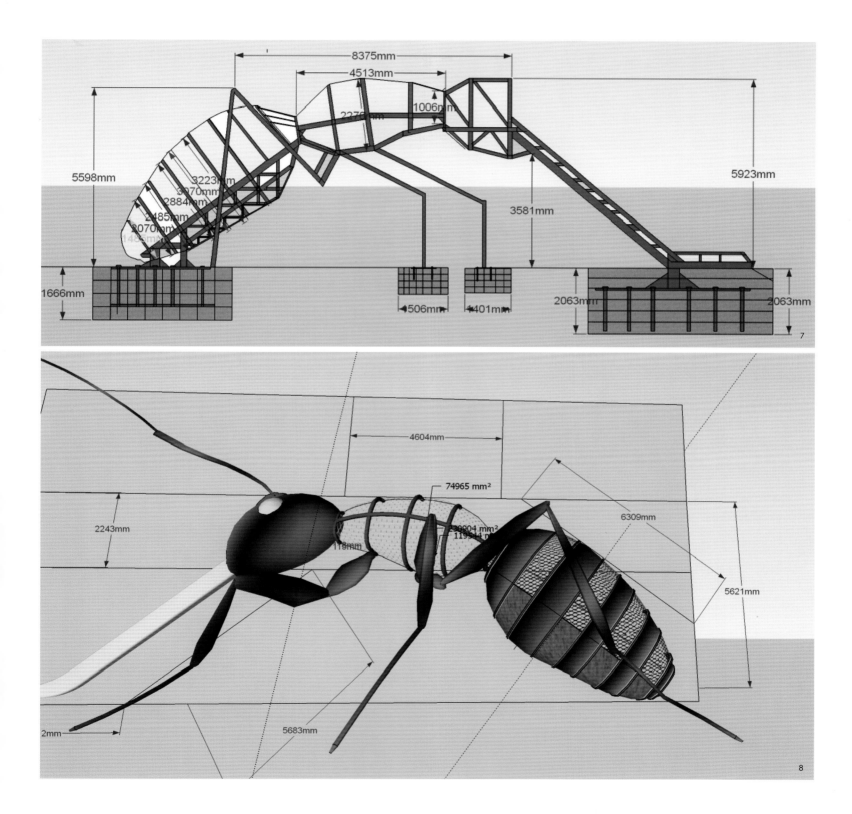

同进步。幼儿从他人处得到了信任与尊重，慢慢地也会产生尊重他人的意识，同伴之间氛围就显得宽松和谐。团队精神的核心就是合作。因此，要让幼儿具备"团队精神"就必须先让其有一定的合作意识。孩子发现了只有大家共同努力才能得到胜利，潜伏在孩子心里的荣誉感促使孩子去督促别人，也鼓励了那些性格内向的孩子，为了能得到胜利每个人都在努力，孩子的团队精神自然而然地得到了发展。不同的活动有不同的锻炼价值，以集体的形式让孩子们参与玩乐活动，能培养孩子积极进取、勇敢自信、果断坚强等意志品质。而且幼儿还能通过参加集体活动培养互相合作、互相尊重、友爱团结的团队精神，发展责任心、自制力、合作意识等团队意识，促进心理的健康发展。孩子只有具备了团队精神，才能在以后的激烈竞争中获得先机。

同时考虑到幼儿在成长过程中会产生安全的需要、独立的需要、自主的需要、尊重的需要等各种心理需要。独处是心理发展的正常需要，因此私密空间能够满足幼儿的心理需要，使他们健康成长。隐藏在花丛中的"蛋壳屋"是属于儿童的一方小天地，孩子可通过多个洞口的设计开发更多的可玩性，如在其中捉迷藏，做游戏等，同时，又使儿童之间各异的行为干扰降到最低。

6~12岁是儿童社会能力发展的重要时期，人际关系对孩子的性格培养尤为重要。这一时期儿童的人际关系首先开始于与父母的相处，7-8岁时开始脱离父母的影响，逐渐有意识的参加集体活动、结识朋友、形成团体，通过团队活动中的互动、交流与协作，满足成就感、喜悦感等社交心理需求。这也是我们整个儿童乐园重点针对的阶段，更能凸显我们主题乐园与众不同的地方，与蚂蚁洞穴这一趣味空间相结合，增加了探索、互动、创新及刺激的游戏空间。亲子关系的性质是互动的，亲子行为也是双向的。亲子互动即父母和子女间的相互交往活动，如交往行为、求助行为、探索行为、展示行为、娱乐活动行为等。良好的亲子互动有利于亲子关系融洽，促进儿童心理与生理发展，同时也可以给家长带来高涨的情绪状态。相较父辈而言，现在的家长与孩子在相处的过程中会产生更频繁的互动，无论是在言语还是行为上。而且，家长更愿意带领孩子走向户外，与外界接触交流，在这个过程中，儿童能更多地尝试各种户外游戏，父母能更多关注儿童的行为，在互动中进行适当的引导，这些都促使着亲子双方彼此情感的交流和理解。而且在儿童活动区旁边，设计了家长休息区，这个区域视野开阔，对于场内各种情况一览无余，既保持了距离，也为家长提供了看护空间。

纵观国内外，其实并不乏优秀的儿童游乐场设计，但普遍都缺少家长作为使用对象的考虑及亲子互动的元素。要么在区域的划分上直接分开设计，要么是孩子的游戏家长根本无从入手。想要解决这个问题，并不一定需要大费周章地创造全新的娱乐环境，设计师把现有的优秀设计与互动相结合，在已有的儿童游戏空间中加以改造，加入家长所感兴趣和可参与的活动，这便能给他们共同带来无穷的乐趣。针对娱乐设施，在此做出了改进：巨型的蚂蚁滑梯，整个蚂蚁的身体是用透明钢丝网打造，一方面是增强整个空间的通透性，另一方面，也是为了让家长能看到孩子在滑梯之中的状况，便于对孩子的保护，这个滑梯的设计在是实际的使用过程中，有不少家长带着孩子体验了一遍又一遍。从传统的监管角色转换为参与者，成为儿童游戏场地中另一大主要设计对象。这就需要我们把目光从原本聚焦于儿童的特征转移到两者的互动行为上来，把家长的对于玩的心理与生理特点作为重要考量，设计富有童趣的乐园。

设计的目的就是为了满足人们的需求，带给人更好的生活，而亲子活动参与者由父母与子女两部分构成，是亲子互动最直接的受益者。良好的亲子关系有助于儿童更好地与他人沟通与合作，对大人的身心也大有裨益。在优秀的亲子互动空间中，儿童可以在为自己量身定制的娱乐中提高观察力和创造力，为其个性与兴趣的培养提供平台。家长可以在休闲时间里尽情放松，在和孩子一起玩耍中找回童心，缓解生活压力。

本案通过对主题全龄亲子乐园的设计增加项目焦点和产品幸福度增补客户全方位的生活画面和生活向往。以儿童为线索抓住80这一批主流客户的幸福诉求加强整个产品的营销特色。

作者简介

郑叶彬，M·BDI英斯佛朗集团设计总监。

9-11.建成后实景照片

1

重构失落的童年
——二道白河下段儿童景观重建研究

Reconstruct the Lost Childhood
—A Study on the Reconstruction of Children's Landscape of the Erdaobai River

苟欣荣
Gou Xinrong

[摘　要]　本文以二道白河下段生态修复与景观设计为例。通过对项目背景与定位的解读，空间布局、活动策划和场所体系的的分析，形成在地化儿童景观的重构以及相应的生态安全保障，从而为当地儿童以及青少年提供一个安全与生态兼备，野趣与智慧共存的城市目的地。

[关键词]　儿童景观；生态修复；场所体系；包容性设计

[Abstract]　This article takes the ecological restoration and landscape design of the Erdaobai River as an example. By interpreting the background and positioning of this project, and also analyzed the space layout event planning and architecture of the place, forms the reconstruction of the landscape for children and the corresponding ecological security, so as to provide a safe and ecological, rustic charming and wisedom-exicisting city destination both for the local children and adolescents.

[Keywords]　Landscape for Children; Ecological Restoration; Place System; Inclusive Design

[文章编号]　2018-80-A-092

一、引言

随着对城市权利的认识加深，人们日益发觉城市不是单一属性人口的聚集区，城市不仅是被成年人使用，也被未成年人乃至儿童所使用，他们呈现出完全不同于成年人的差异化表现。这就要求我们的城市更多地考虑不同群体的城市权利与需求，在拥有丰富景观资源的河谷地带更是如此。进行差异化的儿童景观重建，对于重新创造城市的场所感，找回城市失落空间等具有重要意义。

二道白河下段儿童景观重建，是基于其特殊的河谷地貌形成的以生态修复为基础的差异化建设。通常，河谷地段是景观中最为动态的地方，各类景观元素在此交融，人类活动与自然力量在此缠斗，留下极具自然场所感和历史感的河流廊道。同时对于人类而言，河流廊道有着多种功能和价值，如何协调彼此矛盾的功能，满足多样化的使用需求是本次儿童景观重建研究的重点。

二、项目综述

1. 项目背景

（1）政策背景

2015年12月，中央城市工作会议要求"在统筹上下功夫，在重点上求突破，着力提高城市发展持续性、宜居性"；2017年的十九大报告提出，中国特色社会主义进入新时代，我国社会主要矛盾已经转化为人民日益增长的美好生活需要和不平衡不充分的发展之间的矛盾，社会主要矛盾的转移为夯实基层服务、这些政策都表明，城市的发展从量的增长转向质的提升，城市景观作为城市系统的有机组成部分，是创造城市宜居环境的有效抓手。

而儿童景观作为景观的一个特殊类型，在当前我国二胎政策开放的情况下，面临着巨大的挑战，即如何创造有意义，有价值，能够被儿童广泛接受并且对他们产生积极影响的儿童景观。

（2）基地概况与问题梳理

二道白河地区位于延边朝鲜族自治州长白山保护开发区，整个地域为东南向西北走向的狭长带状河谷，平均海拔800m，周边原始森林有120余种植物，其中主要河流二道白河发源于长白山天池，由乘槎河而下，与潭水交汇而形成，区域也因此而得名。

二道白河下段由南至北流经主城区，同时也是池北区的母亲河，不仅承载城市绿地最主要的内容，也是区域内部最重要的生态廊道。项目红线面积为26.19hm²，其中水域面积6.88hm²，陆域面积19.31hm²，范围内河段长度为2 030m，宽度范围为75~150m。

项目是基于生态修复的儿童景观重建，但整体水面与岸顶高程相差在2~10m范围内，多为2~4m。驳岸处坡度多在1/3，少数可达1/1.5，整体坡度较陡，近人尺度上来看较难接近。同时二道白河为常年流动水，丰枯期水面宽度变化较大，枯水期流量4.0m³/s，总体上水资源较为充沛，有利于在地化的生态修复。但是对于创造场所化的滨河空间体系而

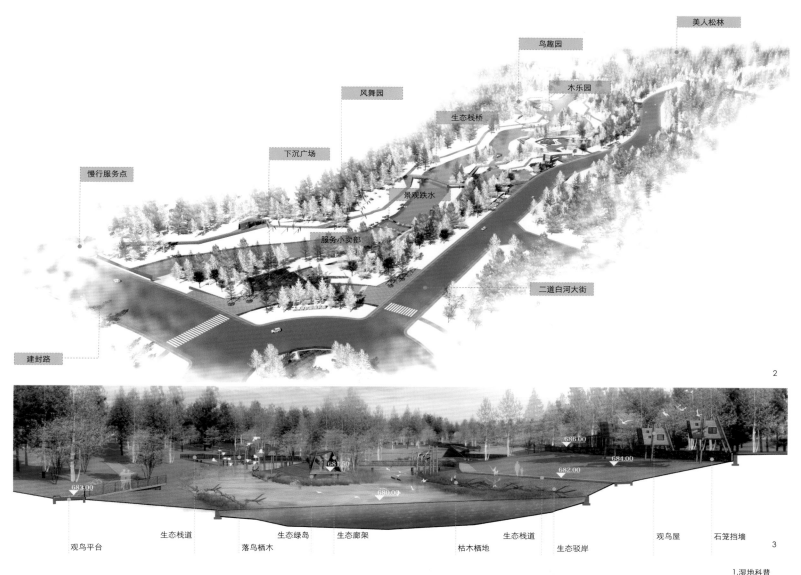

美人松林

鸟趣园

木乐园

风舞园

生态栈桥

下沉广场

慢行服务点

景观跌水

服务小卖部

二道白河大街

建封路

2

| 观鸟平台 | 生态栈道 | 落鸟栖木 | 生态绿岛 | 生态廊架 | 枯木栖地 | 生态栈道 | 生态驳岸 | 观鸟屋 | 石笼挡墙 |

3

1.湿地科普
2.鸟瞰效果图
3.典型河道断面

言，其现状仍然存在着季节性水位涨落导致的消落带难以利用等问题。

2. 设计理念

项目旨在通过对当地景观场景的生态修复与重建，为当地儿童以及青少年提供一个安全与生态兼备，野趣与智慧共存的城市目的地。因此水绿关系，生态修复，空间利用与场所营造以及最重要的儿童景观重建都是必须要考虑的内容，基于此提出了"重构失落的童年"的设计理念，体现在以下四个方面。

（1）安全性

作为滨水儿童景观，对于尚未具备完全行为能力的儿童而言，安全性是比娱乐性更加重要也基本的一个要素。因此在儿童景观的重建中必须要从以下两

个方面进行考虑：第一，注重场地使用材料与构筑物结构的安全性。第二，基于对儿童行为的预测，加强场地内部建设对于儿童大多数行为的容纳性。

（2）教育性

要想成为儿童的城市目的地，场地内部从设计出发就需要开始具有教育性，不仅体现在对儿童的自然教育、通过景观营造达到的美学教育以及场所活动达到的文艺教育，也就是从空间体系到构筑物营建，景观植物配置的贯彻，而不仅仅是打造一个简单的科普园区。

（3）娱乐性

娱乐性作为吸引儿童的主要手段，在任何儿童景观中都是不可或缺的，其主要体现在三个方面：第一，空间体系的可创造性，即空间的序列对于儿童的吸引力和可以被儿童重新创造的能力。第二，

场景的可记忆性。即每个特定场景能够给儿童留下深刻印象从而对儿童形成反复吸引的能力。第三，策划活动的丰富性，即通过不同季节、天气以及节庆等的活动的策划，引导儿童进入反复进入相似基底的景观场景不仅在当下有利于儿童从审美到社交能力的培养，也有助于形成儿童的对于家乡对于童年的美好记忆。

三、探寻河流的生命——儿童景观重构策略

1. 空间策略

景观与城市空间的有机融合不仅仅表现在景观承载了城市的绿地系统功能，还表现在景观作为一种对于自然元素的再次安排，具备着比城市系统更

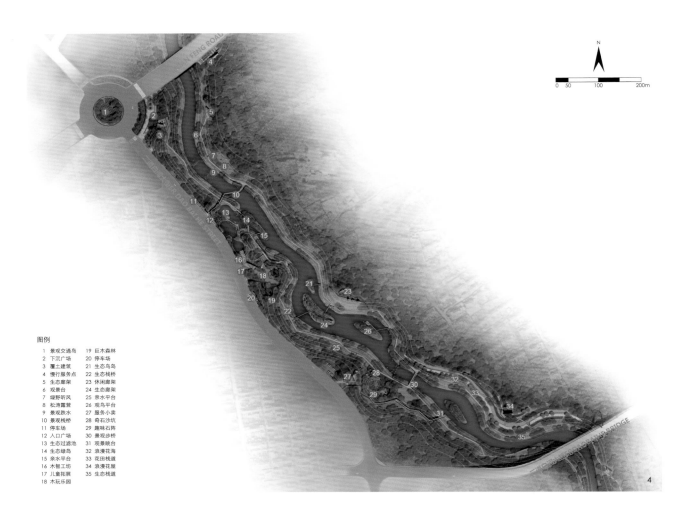

图例

1 景观交通岛	19 巨木森林		
2 下沉广场	20 停车场		
3 覆土建筑	21 生态鸟岛		
4 慢行服务点	22 生态栈桥		
5 生态廊架	23 休闲廊架		
6 观景台	24 生态廊架		
7 绿野听风	25 亲水平台		
8 松涛露营	26 观鸟平台		
9 景观跌水	27 服务小卖		
10 景观栈桥	28 奇石沙坑		
11 停车场	29 趣味石阵		
12 入口广场	30 景观步桥		
13 生态过滤池	31 观景眺台		
14 生态绿岛	32 浪漫花海		
15 亲水平台	33 花田栈道		
16 木智工坊	34 浪漫花屋		
17 儿童拓展	35 生态栈道		
18 木玩乐园			

4.总平面图
5.水系梳理
6.绿化梳理
7.交通梳理
8.主题文化

加强大的包容能力，这也就意味着儿童景观不仅体现在从空间策略上必须要体现出儿童景观所必须的安全性，教育性、娱乐性，还需要综合各个方面形成包容性的整体性空间，儿童景观的构建不仅需要基于目标人群年龄分异而产生的截然不同的安全需求，还要关注不同性别带来的需求差异，以及对于儿童的整体教育功能。

因此空间策略的核心是包容性。构建通过建构不同尺度的场所，不同目的的空间，重新构建场所化的滨河空间体系。由此，空间策略主要从以下三点出发：

第一，涵盖各年龄段的景观体系。即通过对当地人口的儿童年龄分布得出儿童总体所需的空间比例，根据人体工程学测算出不同的景观空间所需要具备的合理尺度，同时将这个尺度引入景观空间序列的建构当中。

第二，包容各个性别及特质的场所系统。以不同性别产生的活动需求差异与消除对女性的场地性别歧视为主要原则，增强场地的异质性同时布置合理的成体系的场所系统，引导不同性别的儿童进行融合与交流。同时也加强场地的无障碍建设，不仅仅是对于

残障儿童特殊需求的考虑，也考虑不同的社会阶层的可进入性，打造可进入性高，准入门槛相对合理，并且有效监管的活动场所。

第三，适配各类型项目的模块化空间。空间要具有安全性，那么对于建筑材料与构造具有极高的要求，因此基于年龄段分异的空间模块化有利于提高场所的安全性，同时也可基于不同类型的项目对场地进行重新整理与打造。从造价以及经济性上来看，模块化的生产对于提高景观空间部件的质量，降低生产成本也有较好的效果。

2. 文化策略

童年的记忆来自于场景的堆叠，而一条奔流不息的河流不仅可以贯穿城市，也可以贯穿人类的过去与未来。通过河流文化与在地空间的融合策略，构建起儿童景观中最重要的价值——可记忆性。场所与文化的可记忆性通常从以下三个方面出发：

第一，场所化的场景文化。通过对每一个景观场景中文化内容的详细打造，创造出结合时间、地点与事件的场景文化，使得每一个景观场景都能够对应相应的特别记忆，重新构建美好的童年回忆，避免当

代城市水泥森林对儿童的童年记忆产生的磨蚀作用。

第二，纪念日化的节庆活动。通过耦合季节、天气、节庆等时间节点与景观场景的耦合程度，加强河流文化与在地空间在时空上的整合，从而使得该景观体系成为城市绿地系统中的一个地标性绿地体系。

第三，教育化与科普化。通过对项目和空间的耦合实现了全场地的科普化打造，通过寓教于乐、游游结合的教育文化策略，以期实现不仅仅加强儿童对自然的认识，也形成有助于儿童自我意识唤醒。

3. 生态策略

近人尺度的景观不仅需要对于空间和文化的探究，也需要对于生态和安全的保护。通过生态修复策略，探寻安全，生态的儿童景观。

在生态修复方面遵循四个原则：第一，保育（Preserve），保护作为自然资源的生物多样性与景观格局，保障当地生态安全。第二，减量（Reduce）。尽可能减少包括能源、土地、水、生物资源的使用，提高使用效率。第三，再用（Reuse）。利用废弃的土地，原有材料，包括植

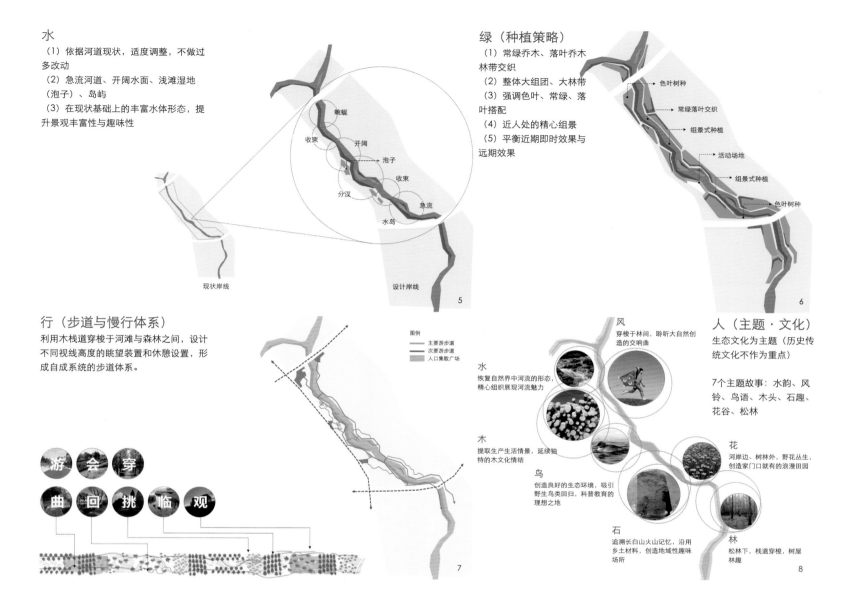

水
（1）依据河道现状，适度调整，不做过多改动
（2）急流河道、开阔水面、浅滩湿地（泡子）、岛屿
（3）在现状基础上的丰富水体形态，提升景观丰富性与趣味性

蜿蜒 收束 开阔 泡子 收束 分汊 急流 水岛

现状岸线
设计岸线

5

绿（种植策略）
（1）常绿乔木、落叶乔木林带交织
（2）整体大组团、大林带
（3）强调色叶、常绿、落叶搭配
（4）近人处的精心组景
（5）平衡近期即时效果与远期效果

色叶树种
常绿落叶交织
组景式种植
活动场地
组景式种植
色叶树种

6

行（步道与慢行体系）
利用木栈道穿梭于河滩与森林之间，设计不同视线高度的眺望装置和休憩设置，形成自成系统的步道体系。

图例
主要游步道
次要游步道
人口集散广场

游 会 穿 曲 回 挑 临 观

7

风
穿梭于林间，聆听大自然创造的交响曲

人（主题·文化）
生态文化为主题（历史传统文化不作为重点）

7个主题故事：水韵、风铃、鸟语、木头、石趣、花谷、松林

水
恢复自然界中河流的形态，精心组织展现河流魅力

木
提取生产生活情景，延续独特的木文化情结

鸟
创造良好的生态环境，吸引野生鸟类回归，科普教育的理想之地

花
河岸边、树林外，野花丛生，创造家门口就有的浪漫田园

石
追溯长白山火山记忆，沿用乡土材料，创造地域性趣味场所

林
松道下，栈道穿梭，树屋林趣

8

被、土壤、砖石等服务于新的功能，节约资源和减少能源的耗费。第四，再生（Recycle）。实现当地资源的场地内循环。

四、重构失落的童年——儿童景观详细设计

1.水绿结合的空间布局

基于设计理念，此项目设计了以"风的绿野""鸟语苑"和"雨水花园"等为主的空间体系。旨在通过动静类型大分区小交融，活动形式相互交叉的滨河空间体系，在引导儿童进行各类室外活动的同时也保障他们的人身安全，满足其需求的同时进行一定程度的美术与自然教育，促进儿童个人意识与性别意识的觉醒。

具体而言，根据场地坡度和离岸线距离决定活动区域的大小形成三个层级空间活动区域：大型场地：300~1 500m²，适宜中大型游乐设施，集体游憩与集散场地，通过在大型场地的儿童分流，将不同年龄段与需求的儿童分流向不同的场景；中型场地：300m²以下，适宜各类型和节点服务设施及节点的布局，这些节点通常为各自区域的小型中心，是儿童交往最容易发生的地点，因此应当进行无差别的、低准入门槛的、消除歧视的场地建设；小型场地：50m²以下，适宜短暂停留及游戏空间的布局，这个类型的场地通常为各类专项活动发生的地点，交往的频率高但是强度低，因此场地的设计更加贴近各项活动本身内容，强化活动本身对于儿童的教育和需求的满足。

形成层级化的空间体系后通过对生态驳岸建设，水域形态调整等措施，在现状基础上的丰富水体形态，提升景观丰富性与趣味性，加强空间与水系的

融合，同时集中林带种植，留出河流漫滩，兼顾城市道路景观。经过水绿结合的空间布局，在最终测算中，本项目中硬质铺装比例为12%远远低于一般城市公园25~30%的硬质铺装比例，实现了层次化体系化的水绿空间布局模式，从另一个方面来看，软质铺装的增加也更利于预防儿童跌倒与各类意外发生时缓解甚至消除对儿童的伤害，有助于实现儿童与自然的亲近。

2. 审慎介入的活动策划

基于"场所化的场景文化""纪念日化的节庆活动"及"教育化与科普化"三大原则此种文化策略，本项目中通过对于各项活动的策划与场地的耦合形成了"水韵、风铃、鸟语、木头、石趣、花谷、松林"的七大主题，每个主题均采取了审慎介入的底线保护原则：

主题雕塑

阳光花房

观景平台茶座

My heart is with you

林下栈道

婚纱摄影

花田栈道

花田

9

生态密林

二道白河

生态栈桥

打雪仗

10

11

生态密林

风车小品

露营

亲水栈道

亲子活动

放风筝

儿童游戏

生态密林　巨木森林　儿童攀岩

木桩挡墙

树的故事　树屋吊床

沙坑游戏

溜索滑草

12

9.欢乐花谷效果图
10.生态栈道效果图
11.风的乐章效果图
12.木趣工坊效果图

"木头"：通过提取长白山区生产生活情景，延续独特的木文化情节，打造木趣工坊；

"鸟语"：通过创造鸟文化节、鸟嗜林地、鸟窝、枯木栖地、鸟食投放点等栖息地的营造吸引鸟类在此安家，同时布局观鸟设施，成立鸟类栖息地观察点，吸引野生鸟类回归，加强当地科普文化教育，增强儿童对鸟类的保护意识，形成"鸟语苑"为核心的儿童科教园地；

"石趣"：追溯长白山火山记忆，形成由长白山当地的火山岩为主题元素的场所，由奇石沙坑、趣味石阵和火山故事长廊组成的形象空间，向人们诉说长白山别具一格的石头情结。

"花谷""松林"：花香海，这里是花的世界，通过对当地野生花卉的引种驯化，培育当地特有的城市园林花卉品种并设立示范性花圃，开展针对儿童的科普性教育。保护松林现状优异的自然环境，充分利用林下空地，设置儿童林下漫步活动，充分享受着大自然的环抱，在清新自然的空气中与大自然有一次近距离的接触。通过浪漫花谷与创意松林的建设，创造"树林外，野花丛生，松林下，栈道穿梭"的野趣活动场景，加强儿童审美与体育教育。

3. 近人尺度的生态安全

根据调查，当地具有特色的哺乳类动物有：刺猬、狗獾、东北兔、小鼹鼠、松鼠、花鼠；鸟类：鸳鸯、苍鹰、游隼等；爬行类有10种，其中吉林省Ⅱ级重点保护物种为竹叶青；两栖类有8种，其中吉林省Ⅱ级重点保护物种为极北小鲵；鱼类有9种，为典型的北方冷水鱼类，细鳞鱼、哲罗鱼、花羔红点鲑、鲫鱼、鲤、泥鳅、花鳅、鲇、黄颡鱼，其中细鳞鱼、哲罗鱼、花羔红点鲑被列为国家Ⅱ级保护动物，江鳕为吉林省重点保护动物。可以发现当地具有非常丰富的物种库，因此生态安全必须要通过通过常绿乔木、落叶乔木林带交织形成整体大组团，大林带才能得到保障。

从近人尺度来看，其植物配置上强调颜色叶形相宜，常绿落叶搭配。新种植常绿树种与落叶树种比例为4：6，乔、灌木比例为1：1，以生态群落作为配置组团。观花与色叶树种丰富了景观的色彩，在不同季节形成特色分明的景观绿化形象。同时，结合基地实际植物资源，新增补植物选择以乡土树种为主，强调生态性并降低投资，利于维护。最终在景观植物配置上形成四大植物意向空间，分别为广场型、山体型、草坡型、湿地型。根据不同空间意向，选用适合树种营造丰富变化的植物空间，形成或封闭或开敞的不同郁闭度，林冠线与林缘线的处理形成立体的种植效果。

二道白河儿童景观的建构定位于重构失落的童年，旨在通过对儿童景观的塑造，在城市水泥森林中创造完全不同于城市硬质基地的柔软下垫面。从景观设计出发促进儿童的童年记忆塑造，不仅能够满足他们对于游憩功能的需求，也可以在对儿童开展科普教育的同时，促进儿童与儿童之间的交流与融合。达到寓教于乐，育游结合的建设目的。从对二道白河当地来看，基于儿童景观重建的城市绿地系统建设不仅仅是响应国家对于品质城市建设的号召，也可以有效促进和拓展城市绿地系统的适用人群，发挥最大的生态与环境效益。

作者简介

苟欣荣，上海易境景观规划设计有限公司，设计副总监。

五、小结

二道白河儿童景观的建设，不仅对于当地儿童的发展具有深远影响，有助于培养他们的"乡愁"，也对当前的城市绿地系统使用效率不高的问题提出了一定的解决方案。

儿童友好型的滨水公共空间场所营造的探索与实践
——以长白山保护开发区池北区寒葱沟滨水儿童活动空间策划为例

Exploration and Practice of Creating a Child-Friendly Waterfront Public Space
—A Case Study of the Planning of the Children's Activities on the Waterfront Ditch in Chibei District of Changbai Mountain Protection Development Zone

潘祥延　何甜雨
Pan Xiangyan　He Tianyu

[摘　要]　儿童的健康成长是关乎个人成长的重要环节，也关系到国家和社会的长远发展。而儿童公共利益的争取是实现激发其公共空间活力的基础保障。本研究主要以长白山保护开发区的池北区寒葱沟滨水儿童活动空间策划为例，通过增强空间承载力与文化承载力的规划策略，从结构、功能、交通组织等各方面全面考量，打造儿童友好型的，集生态、娱乐、休闲、教育为一体的滨水公共空间。

[关键词]　儿童；滨水区；公共空间；场所营造

[Abstract]　The healthy growth of children is an important part of personal growth. It also affects the long-term development of the country and society. The struggle for children's public interests is the basic guarantee for realizing the vitality of their public space. The study focused on the t children's activities spatial planning of the Hancong Gou waterfront in the Chibei District of the Changbai Mountain Protection Development Zone as an example. Through the planning strategies to enhance space bearing capacity and cultural carrying capacity, comprehensive considerations were made in aspects such as structure, functions and traffic organization.We eventually create a child-friendly, waterfront public space integrating ecology, entertainment, leisure and education.

[Keywords]　Children; Waterfront; Public Space; Place Construction

[文章编号]　2018-80-A-098

1.动乐园主题公共空间效果图
2.总平面图
3-4.分类型驳岸设计示意图

随着我国经济发展水平的不断提高，人们的生活质量提升与精神文化建设已成为社会关注的热点。而儿童作国家的未来，同时也是弱势群体的代表，关乎他们成长的生活、教育、游憩等问题是设计师在公共空间探索过程中所需要规划应对的实际问题。《2012年世界儿童转狂报告：城市化世界中的儿童》中提到，"亿万城镇儿童无法享受最基本的服务，可以说城市正在遗弃儿童"。

当前我国城市儿童在户外公共空间规划中处于弱势，其户外公共空间的需求尚未受到足够的重视。国内公共空间的规划设计少有从儿童视角出发，间接致使许多儿童、青少年自小便深受电子信息市场的不利诱导，缺乏与大自然亲近互动。为城市儿童营造一个布局更加合理、设施更加完善、更加贴近生活的户外游戏空间是亟待解决的问题。本次池北区寒葱沟的滨水绿地景观规划是基于长白山保护开发地区景观场景的生态修复与重建基础之上，策划为儿童以及青少年提供一个安全与生态、娱乐与教育兼具的儿童友好型户外开放场所，打造以儿童空间利益诉求为核心的城市滨水公共空间。

一、规划背景

此次池北区寒葱沟滨水绿地景观规划项目位于吉林省长白山保护开发区。本次规划范围为寒葱沟河口段，河段总长度670m，属于城市总体规划中滨水休闲乐活板块。与城市整体的生态景观轴毗邻，同时也是城市绿地系统中的重要组成部分。本次规划设计在景观生态的开发与保护基础之上，承接并响应上位规划及城市开发重点决策要求，旨将基地打造成为面向儿童群体的集生态可持续、休闲游憩、寓教于乐为一体的滨水户外空间。

二、项目定位——生态水绿寒葱沟，活力白山嘉年华

方案设计本着尊重基地特征、营造绿色生态的理念，在场所安全性得以保障的基础上，策划以满足青少年、儿童及家庭活动的主题型乐园。

1. 基于安全性首位标准的滨水驳岸处理

作为儿童活动的主要场所，安全性的保障是远高于娱乐性更为重要的首要标准。二道白河的防洪标准为50年一遇。因此，防洪设计在常水位处进行了硬质驳岸的处理，洪水位下则设置缓坡。并采用了分类驳岸设计，在迎水面及狭窄的河道，采用毛石、镀锌石驳岸。在背水面及开阔水域，则采用松木桩派发驳岸，以提高岸线的安全性。设计在保证防洪安全的基础上，还采取考虑了不同的岸线处理手法，局部的木桩及警示标语的设置能够起到增加家长及儿童对非安全场地警示心理的作用，全面保障儿童活动场地的安全。

2. 追求景观异质性与生态永续性的环境营造

与城市其他儿童公共活动空间不同，寒葱沟滨水绿地更加追求亲近自然的设计理念，因此，生物景观的异质性与自然生态的可持续是另一个设计环节中的重要考虑因素。场地现状有一定的植被基础，北部有局部的人工栽植苗木，西南处有成片的农田。整个基地野草丛生，生长着少量松树、杨树等野生大乔木。设计中将最大程度的尊重场地原始特征，进一步丰富植被类型，增加景观的多样性。并对水域形态进行设计，做到收放自如，既有狭窄的水域河道又具备开阔的湖面，实现自然景观的趣味性与生态格局的可持续。

3. 兼具娱乐与教育相结合的活动体验

电子信息时代的影响下，儿童往往倾向于室内化的游戏空间，加之家长、学校又间接给予了过重的教育负担，致使他们从小便与自然相隔。另一方面，城市中成长的孩子往往对于秋千、滑梯等千篇一律的游戏已经司空见惯。因此，打破传统儿童娱乐项目的传统思维，组织更加丰富的娱乐项目并

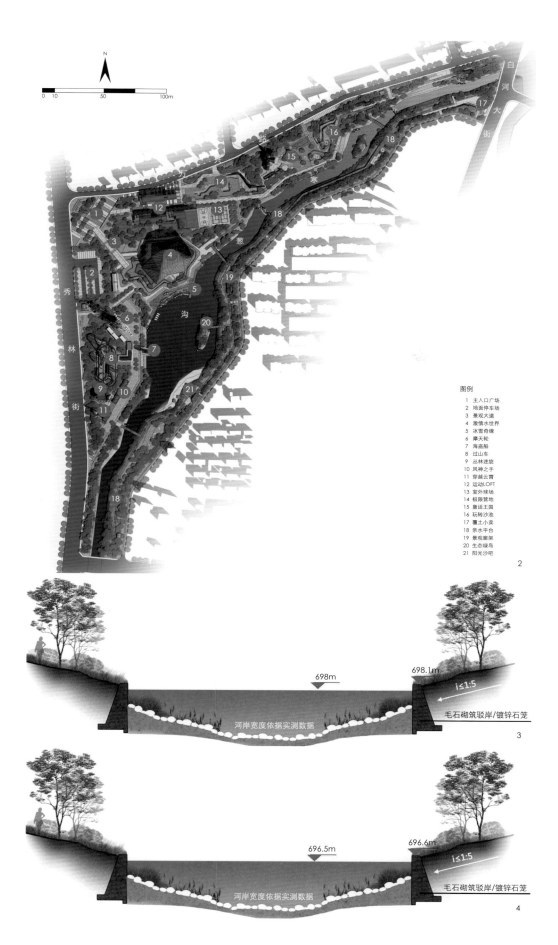

图例
1 主入口广场
2 地面停车场
3 景观大道
4 激情水世界
5 冰雪奇缘
6 摩天轮
7 海盗船
8 过山车
9 丛林迷旋
10 风神之手
11 穿越云霄
12 运动LOFT
13 室外球场
14 极限营地
15 童话王国
16 玩转沙池
17 覆土小卖
18 亲水平台
19 景观廊架
20 生态绿岛
21 阳光沙吧

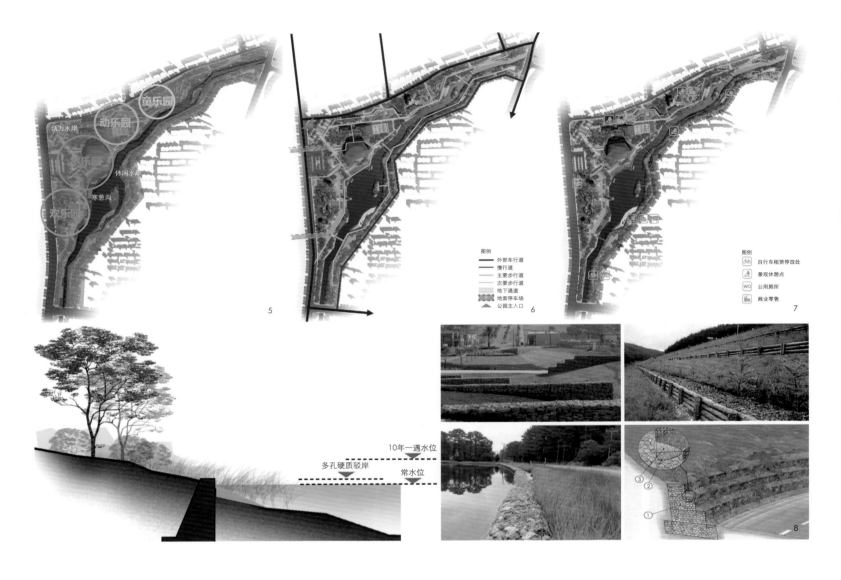

兼具一定的教育功能更能满足不同人群年龄分异而产生的多元需求，同时打消家长内心根深蒂固的辅导班教育观念。设计中需要结合滨水自然景观，通过景观植物的配置与科普园区的打造，创造极具包容性的满足旅游，以青少年、儿童及家庭活动、休闲、娱乐及亲子、素质教育的的主题型乐园。

三、设计策略

1. 满足不同尺度、不同需求的空间承载力

著名的实验心理学家特瑞赤拉层通过大量的实验研究得到结论：人类83％通过视觉获得外界信息，而11％则通过听觉认知。因此，通过营造视觉及听觉的体验能够助益于儿童抽象思维的开发。通过对当地儿童年龄结构的分布情况进行统计分析，调整场地内的空间比例，构建不同尺度、满足不同需求的滨水公共空间场所。设计中，为儿童提供不同主题的活动体验是设计策略的基本要求，也是

增加片区空间承载力的重要途径。最终，从冒险体验、戏水游乐、运动健体、童心怀旧满足不同年龄段儿童的心理需求，设置欢乐园、水乐园、动乐园、童乐园四种内容分异的主题乐园，进一步实现场地活动的异质性。

2. 丰富不同季度、节庆主题的文化承载力

除了空间层面上不同体验感的场景再现，为儿童提供的公共空间更要满足受时间、天气、场地等外在因素影响下，诸多不可抗拒的条件对活动内容的限制。因此，设计中通过对场地原始元素充分的提炼与升级，尝试为场地赋予不同季度、主题纷呈的文化印记，以期为不同年龄段的儿童酝酿属于不同季度不一样的惊喜。依照春、夏、秋、冬四个季节，根据场地实际的使用可能性评估，策划符合各阶段特色的极限挑战节、清凉嬉水节、金色狂欢节、欢乐冰雪节四种主题的节庆互动，为滨水公共空间的开发灌输不一样的文化元素。

四、规划设计

1. 功能结构——一水两岸四乐园

滨水公共空间的整体布局遵循"一水两岸四乐园"的功能结构。

（1）一水

一水为二道白河—寒葱沟段。二道白河是池北区最重要的一条水系，水系总长度约为6.2km，由南至北流经城区。而寒葱沟便是二道白河的支流，在镇区西部与二道白河汇合。一水自南向北贯穿场地，将整个滨水区划分为东西两岸，形成张弛有度、收放自如的水面形态。

（2）两岸

一水将基地分为东西两岸。其中，西部水岸主要与四个主题乐园相结合，为儿童及家长提供娱乐、游憩的活力场所。东部水岸紧邻大学城设置，供周边大学生及居民日常休闲游憩、散步的场所。将城市慢行系统穿行经过场地，整体将东岸打造成野趣、休

5.功能结构图
6.道路交通规划图
7.景观服务设施规划图
8.防洪水位示意图
9.童乐园主题公共空间效果图
10.四大主题乐园的主要活动内容示意图
11.四季文化主题节庆活动示意图

分区	项目策划	游乐设施与活动
欢乐园	冒险湾	摩天轮、风神之手(大摆锤)、丛林迷旋、海盗船、穿越云霄、丛林秋千
	游戏街	摊位游戏+零售商业
水乐园	激情水世界	高空巨兽碗滑道、夏威夷风情造浪池、儿童戏水池、游泳池、动感水吧
	冰雪奇缘	滑冰、拉冰车、冰上飞碟碰碰车、冰上陀螺、冰上滑行、冰上自行车、冰上曲棍球、水上自行车、水上泡泡球、激战鲨鱼岛、现代水上漂
动乐园	运动LOFT	篮球、羽毛球、网球、乒乓球、桌球、瑜伽、健身房、跑道、运动主题商业
	极限营地	轮滑、滑板、小车、跑酷、攀岩
童乐园	童话王国	国王小火车、梦幻木马、旋转小蜜蜂、欢乐碰碰车、糖果乐园、魔法舞台、智力迷宫、泡泡大战
	玩转沙池	儿童互动式地形沙池

10

季节	主题节庆	活动内容
春季	极限挑战节	极限运动赛事 勇敢者挑战赛 极限体验活动
夏季	清凉嬉水节	水上挑战节目 全家水狂欢月
秋季	金色狂欢节	狂欢万圣夜 万圣COS表演
冬季	欢乐冰雪节	白山冰雕展 冰上保龄球赛、曲棍球赛 冰雪狂欢圣诞夜

11

闲、绿色的开放空间。

(3)四乐园

根据场地功能要求,共设置四种主题空间,串联形成整体功能结构。

①欢乐园

欢乐园位于场地西南侧,主题游乐功能为游乐器械设施、嘉年华主题摊位游戏和配套零售商业,为游客(青少年游客为主)提供游乐、周末度假玩耍的旅游目的地。

②水乐园

水乐园包含了大型室内水上乐园——动感水世界和室外滨河游乐空间——冰雪奇缘。通过室内外设置造浪池、戏水池、雪道、水上泡泡球等项目满足游客四季皆可玩水的游乐需求。

③动乐园

运动工坊位于主入口东侧,北部紧依城市道路,工坊以百米跑道主题街为主通道串联两侧功能,包括运动类零售商业、篮球场、网球场、乒乓球场、瑜伽馆、极限营地等。为儿童及青少年们提供亲近自然、运动健身的场所。

④童乐园

童乐园也是为儿童打造的童心世界,位于场地西侧,紧邻主入口设置,交通可达性佳。在参考乐天世界、迪士尼等主题乐园的案例设计,依据场地现状地形设置儿童攀爬、游乐等设施，趣味性和安全性兼具，满足童心需求。

2. 交通结构——动静分离

　　交通安全对于儿童活动场所来说是极为关键的，创造儿童友好型的滨水公共空间需要为儿童提供安全的出行保障。儿童活动的公共空间并不在于场地的复杂性，更多推崇的是开放、自由与想象力。而丰富的活动场地，也需要有序的交通引导。因此，场地内的交通组织决定的是整个场地的结构基础。

　　设计中，通过交通动、静分离的手法，将机动交通流线及停车场规划在场地外围，最大限度的确保儿童活动场所的安全性。同时，场地内增加慢性系统的引导，将主、次入口及儿童集聚活动的主要公共空间串联。另一方面，东西两岸的滨水慢行路线通过三段步行桥的设置，使活力水岸与休闲水岸场地融合，既可以感受到西部的活力，同时也能够体验东部的悠闲。

五、小结

　　经济快速发展的时代，儿童健康成长问题往往被过多的社会问题所掩盖，甚至没能够引起年轻家长的重视。通过对国内现有研究成果的探索与总结，不难发现目前滨水公共空间的研究较为系统全面，但以儿童为主体研究对象的公共空间研究确少之又少。户外活动的开展对于对儿童智力的开发及体魄的强健起着至关重要的作用，本次池北区寒葱沟滨水儿童活动空间策划在满足安全性、生态性、娱乐性、教育性的基础之上，真正做到从内容到形式为不同年龄段的儿童提供可以在不同时间段体验不同场所感受的滨水公共空间，实现对儿童的户外活动起到积极的引导作用，充分满足儿童心理的归属感与认同感。希望本文能够为国内建设儿童友好型的滨水公共空间的开发与规划提供可借鉴价值。

参考文献

[1]林瑛,周栋. 儿童友好型城市开放空间规划与设计——国外儿童友好型城市开放空间的启示[J]. 现代城市研究, 2014,29(11):36-41.

[2]张谊. 国外城市儿童户外公共活动空间需求研究述评[J]. 国际城市规划, 2011,26(04):47-55.

[3]刘小科, 吴焱. 儿童视角下城市公共空间的景观提升策略研究——以西安环城公园部分区 段为例[J]. 美与时代(城市版), 2017(07):43-44.

作者简介

潘祥延，上海易境景观设计有限公司，主创设计师；

何甜雨，上海易境景观设计有限公司，主创设计师。

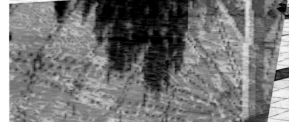

12.欢乐园主题公共空间效果图
13.水乐园主题公共空间效果图

"让孩子亲近自然，让自然启迪孩子"
——前小桔创意农场空间环境设计

"Children Close to Nature and Nature Inspire Children"
—Space Environment Design of Qianxiaoju Creative Farm

黄桂利　柳潇
Huang Guili Liu Xiao

[摘　要]　前小桔创意农场是以柑橘为主题的科技示范和创意体验农场。针对上海大都市儿童自然缺失症的问题，农场以"让孩子亲近自然，让自然启迪孩子"为理念，充分利用农业、自然元素，以"空间环境与内容相结合"的场景式设计为主要手法，进行空间环境设计。本文系统介绍了农场的基本概况、设计理念、设计策略和儿童主题空间营造等内容。

[关键词]　柑橘；农业；自然缺失症；场景式设计

[Abstract]　Citrus Cutie Farm, on the subject of citrus, focuses on the function of Technology Demonstration and creative experience. Under the concept of "let the Children touch nature, let the nature enlighten Children",the farm, Based on the problem of "Nature-deficit Disorder", use scene design in terms of "the combination of space environment and content" as the main method to do the space design. This article, systematically introduces the basic information, design concept, design strategy, and child-theme Space Construction in the farm.

[Keywords]　Citrus; Agriculture; Nature-deficit Disorder; Scene Design

[文章编号]　2018-80-A-104

一、引言

美国作家理查德·洛夫的著作《林间最后的孩子》提出，孩子就像需要睡眠和食物一样，需要和自然的接触。如果孩子们从没有被自然感动过，从未有接近土地的体验，长大后会如何对待我们的自然环境？自然教育的一个核心目标，就是帮助孩子们重建与自然的连接，获得自然的滋养，在自然中健康、快乐成长。

随着城市化的进程的不断加深，越来越多的城市儿童，远离自然，失去了与自然的连接，因此衍生出许多问题，这些问题被美国记者、作家理查德·洛夫描述为"自然缺失症"。"自然缺失"约束了城市儿童对自然的接触，对自然规律与知识的认知，对自然的敬畏和珍重。和对自然的友好相处方式，其潜在危害甚至威胁着城市儿童的身心健康。

对于拥有2 400万常住人口的上海国际大都市，城市生活的高度都市化，自然、郊野、乡村空间的日益紧缩和"城镇化"，使得城市人群与自然的链接空间和接触几率更少，因而，对于自然生态、田园休闲、农事体验、自然科普的需求也更为迫切。

前小桔创意农场正是在这一市场环境下建设的。以儿童和亲子为核心客群，以柑橘为主题，以农业、自然、生态相关的休闲体验—认知科普—文化创意—科技创新为核心内容。

二、农场概况

1. 农场区位

前小桔创意农场（以下简称"农场"）选址于长兴岛郊野公园的橘园风情区内，是长兴岛郊野公园柑橘主题文化展示体验和柑橘科技创新的核心项目之一，总占地面积约360亩。同时，农场处于青草沙水源地二级保护区内，有天然优良的水土环境和自然生态条件。

2. 建设目标

农场的建设目标是，提供一处以农业为基础的自然教育和亲子体验场所，给城市人群以自然接触、自然享受和自然教育的空间；针对上海柑橘产业转型提升发展，作为柑橘科技创新示范基地；在农业自然生态环境的基础上，以柑橘为主题，以农业、自然、生态为核心内容，建立自然教育系统，成为城市人群，特别是亲子家庭和青少年的自然科普教育和实践基地。

3. 基地现状

农场基地由现状道路、水系沟渠、防风林分割成整齐的格网状。内部现状散落布局部分设施农用地和农业配套设施用地，包括农业设施大棚、农业管理用房、仓库、猪羊圈等。其余为农林生产种植

用地，西南区域为农业蔬果种植，其他区域为柑橘种植。

4. 规划布局

农场总体空间规划为六大分区，橘乐园、亲子园、橘林下、橘林上、橘品园、橘创园。

其中，橘乐园、亲子园、橘林下区域主要为柑橘主题文化和自然田园的休闲体验区。橘乐园主要包括前小桔之家、五谷园、迷你果园、柑橘采摘园等。亲子园主要包括橘餐厅、戏水园、野花鱼塘、童心菜园、农家小院等。橘林下主要包括四季舞台、卉园、露营区、农夫田园等。橘林上区域为自然营地。橘品园、橘创园区域为柑橘种植和科研示范区。

三、设计理念

"让孩子亲近自然，让自然启迪孩子。"农场的空间环境设计，从核心客群的需求和农场特点出发，强调人与自然的连结——生态、野趣、农业属性；强调柑橘特色主题；保护和提升物种的多样性，创造更丰富的空间景观环境；注重多维度的综合感知（视觉、嗅觉、听觉、味觉、触觉）的配合；以场景化的设计激发、启发使用者的需求，激活空间场景内的活动、体验，增强参与者的情感交流。

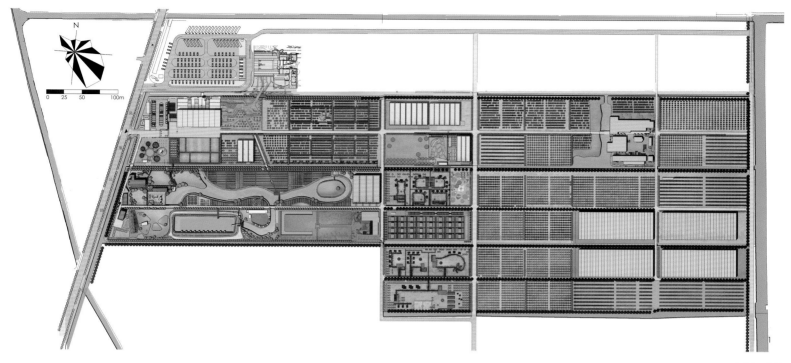

四、设计策略

1. 突出农业属性

前小桔创意农场首先从"农"字出发,明确自身定位,注重农业生产、田园休闲和自然科普的环境空间需求,形成具有农业特色的田园风貌和种植型景观。

（1）农业景观空间种植结构的调整——单一种植到多元化的农业种植

农业生产本身注重品种的大规模种植和统一化管理,整体景观风貌较为单一。农场通过调整景观农业区内种植结构,增加不同类型的农业种植,设计瓜果类和蔬菜类的种植分区,梳理植物种植生长高度,同时在农业种植边界种植野花花卉,形成多样性的复合景观。

（2）农业景观时间纵线上的衍生——农业四季四时变化景观

农场采用种植时令花卉,春季主要以一年生自播的田园野生花卉为主,夏秋两季主要以丰富多彩的多类型景观花卉花镜构成,而冬季主要在重点区域种植观赏性强的多年生花卉,真正实现一年四季有花可赏的自然景观形式。

（3）农业景观种植品种上的选择——农业作物与景观植物的结合

传统城市景观植物种植管理抗病抗逆性不良,采用有机方式种植时往往难以保持较好的生长状态,而农业作物景观特性的单一,景观特性难以满足观赏的需求。因而在实际的农业景观种植上,选择景观性较强且管理便捷的景观农业植物通常成为植物选择中

的关键问题。农场采用种苗种植技术,种植酢酱草等豆科植物改良土壤,种植多年生菊科花卉,让野花品种在农场中自然演替,减少杂草产生。

（4）农业景观亲子特性的优化——让孩子可以碰触的果树

让孩子能够亲近自然的一个非常重要的特点就是能够让孩子亲手触摸到农业类植物,一般果树树木较高,特别是果实采摘期间,孩子一般都难以碰触果实。农场在培育果树时考虑培育矮化品种,如桑葚、樱桃等传统果树,在距离土壤高度50cm左右就开始结果,真正做到采摘时让岁数较小的孩子也可以直接碰触果实。

2. 突出柑橘主题

在农场内,除了成片种植的橘林,在空间环境和视觉体系设计中不断运用和演绎主题元素、主题色彩、主题IP形象等,共同突出和烘托农场柑橘主题。

农场将柑橘主题拆解成橘果、橘树、橘枝、橘叶、橘瓣、橘络等元素并进行演绎,在场地设计上,形成北入口橘之根广场,以橘树根和枝干空间延展的形式连接北入口外的郊野公园和北入口内的农场入口小广场,呼应了柑橘主题;在环境小品中,形成"橘甦"橘树雕塑系列,"甦"意味着复活、新生,"橘甦"系列雕塑正是利用枯死的整株橘树进行创意彩绘创作而成,焕发新的生命力;此外,还在全园分散布置了橘枝创作的木偶系列,在室内软装中,形成主题元素的墙绘、软装、室内陈设等。

3. 强化生态理念

生态理念是农场设计、建设的基本原则,也是农场体验、科普的重要内容。水质生态修复、雨水花园、可渗透路面、垃圾分类、生态材料使用等生态技术得到了很好的落实。

水质生态修复技术的核心是沉水植物:通过沉水植被的光合作用把大量的溶解氧带入泥地,使淤泥中的氧化还原电位升高,促进底栖生物包括水生昆虫、蠕虫、螺、贝的滋生,进而使水体生态系统恢复多样性,选择时,兼顾暖水性和冷水性物种,保证四季见绿,同时以矮化品种为主,减少日常的维护量。

此外,河道护坡采用了木桩与竹片结合的生态护坡做法。

4. "空间环境与内容相结合"的场景式设计

农场的主题性空间设计,采用"空间环境与内容相结合"的场景式设计方法,分析、设想、引导游客在农场的活动目的、内容、方式、主题,进而在设计过程中将空间、设施、内容、参与者（使用者）一体化考虑。

主题内容,针对农场的定位,主题选取以柑橘、农业农事、自然环境、动植物等自然要素为主,辅以游憩拓展要素。

主题性空间的主题内容确定后,具体的空间设计则以儿童、亲子为核心使用者和参与者,兼顾其他人群,考虑其活动内容、活动方式进而确定空间场地规模、布局结构、动线、地形、环境配置、场地设施

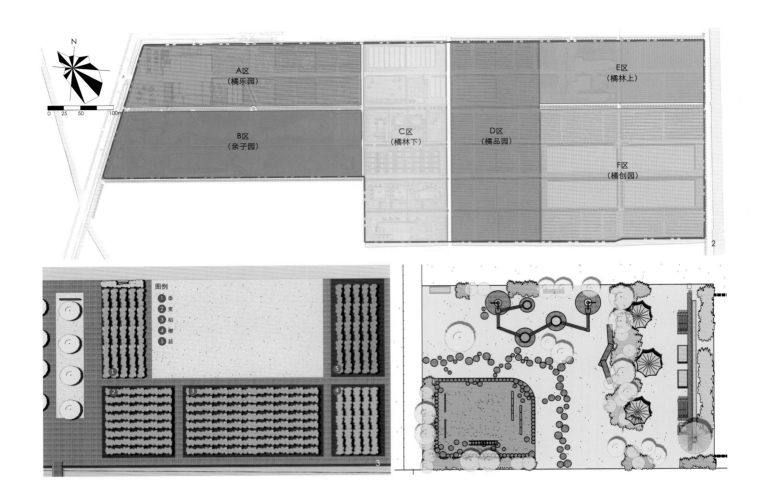

等（详见表1）。

5. 适应儿童和亲子行为特征

由于农场的核心客群是儿童和亲子，因此空间环境设计注重满足此类人群的行为特征。

（1）安全性

作为一个公共的经营性场所，特别是主要人群以儿童为主时，安全性是首要要求。设计充分考虑地形地貌、植被、环境设施、材料、物品等的安全性和环保性，例如地面无尖锐凸起，无有毒、有害、有刺植被，环境设施避免尖锐突出部分，使用生态环保材料，物品摆放合理。同时设置完善的安全警示系统，在儿童活动空间中设置充分的家长看护空间和休息等候设施。

（2）趣味性

趣味性从形状、色彩、IP形象、设施、内容等多角度体现，会在很大程度上提升儿童的兴趣和好奇心，激发和提升其参与度。例如，用多种动物形态制作的标识牌、木偶、环境小品，更丰富、明亮的暖色调色彩，可爱的IP形象儿童剧等。

（3）互动性

增加空间环境的互动性，不仅是被动的观赏或简单地采摘，而是与活动相结合，通过领队的引导、指导，在互动活动中激发更多的探索性和创新性，让儿童、亲子动手实际体验感知自然，发现自然的特性和规律，也在互动中增加团队精神和亲子感情。

五、儿童主题空间营造

1. 五谷园

五谷园是农场进入主入口之后的第一个主题性空间，以五谷为主题内容，由五块分别种植稻、黍、稷、麦、菽五种作物的种植区，围绕一块一亩大小的草坪构成。

五谷园设计希望利用实际空间来建立"亩"的空间尺度概念，同时也作为集散空间解决了入口的交通集散问题。在五谷种植区和一亩草坪之间铺设了环绕草坪的木栈道，形成良好的交通和观景空间，木栈道与草坪之间有高差，可舒适地坐下休息。

2. 童心菜园

童心菜园是儿童认知蔬菜、种植蔬菜、采摘蔬菜的专属菜园，有儿童露地菜田、一米菜园和螺旋菜园三种种植方式。儿童可以在这里尽情地触摸泥土、认知作物、学习农事，分享种植的快乐和收获的喜悦。从种植方式到种植品种，丰富多彩。

儿童露地菜园主要是以儿童的视觉尺度来模拟大田种植，让儿童了解露地蔬菜的种植方法和方式，可以在田地里合作劳动，整理土地，去除杂草，开设排水沟，了解农民在田地中的劳作方法。露地菜园选择种植的品种一般以胡萝卜等根茎类和小青菜等叶菜类为主，为儿童提供蔬菜采摘移植和蔬果类拔菜的乐趣。

螺旋菜园是朴门农法经典设计，依照螺旋形的构型模拟自然山体的地形特点，形成阴面和阳面的种植特点，分别种植喜阴与喜阳的作物，如香草、苋菜、玉米、薰衣草、豌豆等。在一小片土地上实现多种农业作物的共同生长，即节省了土地，也能利用作物间的互利现象提高品质和产量。

3. 戏水园

戏水园是一个动态性的活动空间，是一个儿童的乐园。由手压戏水装置、沙池、活动草坪和利用废旧木料制作而成的小品装置构成。

表1			场景式设计的多维组合模式示意			
	柑橘	农业农事	自然环境	动植物	游憩拓展	
休闲拓展	柑橘采摘园	五谷园	杉林步道	小动物区	戏水园	个体
自然科普	柑橘标准园	迷你果园	水系	野花鱼塘	拓展草坪	亲子
文化体验	柑橘科研园	五彩稻田		卉园		儿童团队
创意活动		童心菜园			露营区	其他团队
	享受自然	亲子陪伴	乡村情怀	团队活动	主题活动	

参考文献

[1] [美]洛夫. 林间最后的小孩[M]. 长沙: 湖南科技出版社, 2010.

[2] 郊野公园规划项目组, 落实生态文明建设, 探索郊野公园规划: 以上海试点郊野公园规划为例[J], 上海城市规划, 2013 (5).

戏水园的设计应用了农村比较易见的手压井原理——利用外面大气压和抽气活栓塞下的气压差使水柱升高将水打出, 小朋友可以用手压井控制戏水装置的水流量, 水流可以漂浮落叶、木块和玩具, 与水近距离接触。沙坑中以废旧轮胎, 废旧枕木、旧建材再利用搭建而成的游戏装置, 有木马、轮胎毛毛虫、轮胎青蛙等, 让小朋友在玩耍中理解一些简单的原理。东侧临水处采用水泥砖块砌筑景观矮墙与水域隔离, 内部隐藏水管形成水流落差, 营造处流水潺潺的意境同时保证戏水区游玩的安全性。

4. 自然营地

自然营地位于农场东部, 是利用现状羊圈和部分农业辅助用房改造的。作为独立的自然教育活动营地。主要由教室、宿舍区和外围自然活动场地构成。

教室和宿舍区, 是一个院落式的围合空间, 利用现状建筑、设施和场地改造, 设置了小教室、多功能教室、风雨棚、餐厅、宿舍、户外活动场地和小草坪等, 满足营地教育活动的基本空间需求。

外围自然活动场地主要包括稻田、鱼塘、恐龙花园、小足球场、拓展区等, 形成丰富的户外活动和自然主题空间, 满足营地多种自然教育课程的需要。

在营地的空间环境设计中, 讲述了一个内容丰富的"自然故事", 重点利用动植物、作物和农场IP形象元素, 形成丰富的景观环境、知识内容和故事场景。

六、结语

前小桔创意农场的使命是"建设一方净土, 带动一方农业, 传递一种生活", 其空间环境设计也遵循着这个方向在发展中不断完善, 也在互动中借由用户创造更多空间价值, 最终希望传递的一种生活方式是"与自然友好相处"。

文中部分图纸和照片来源于参与农场设计的各单位, 在此一并致谢。

作者简介

黄桂利, 上海橘野农业科技发展有限公司, 董事长;

柳潇, 上海久一建筑规划设计有限公司, 设计总监。

2.规划功能分区图
3.五谷园设计图
4.戏水池方案设计图
5.戏水园建后实景照片
6.营地入口实景照片
7.桔枝木偶景观小品实景照片
8.营地西侧水塘实景照片
9.营地内院入口实景照片
10.穿越白垩纪的方舟实景照片

他山之石
Voice from Abroad

儿童乌托邦
——乌克兰伊万诺·弗兰科夫斯克市儿童友善公共空间

Children Utopia
—Child Friendly Public Space, Ivano-Frankivsk, Ukraine

张朋千
Zhang Pengqian

[摘　要]　伊万诺·弗兰科夫斯克市的发展愿景是成为西乌克兰的文化、艺术、旅游的中心。儿童公共空间的设计是以新的角度思考和重塑城市空间，使城市有机会以一种新的方式来实现第三次大发展，让城市开放友善。透过研究0~12岁儿童行为，可以了解每个儿童年龄段都有各自的不同的行为特点和需求，在结合城市的环境下，可以产生出多样的儿童友善空间。我们将各具特色的公园以绿带的方式连接，让新旧城区形成一个整体。不仅儿童可以安全地到达各个公园，也把城市设施都串联起来，使得城市资源得以共享，从而促进了旧城市的发展。

[关键词]　儿童空间；城市改造；儿童乌托邦

[Abstract]　Ivano-Frankivsk has the vision to become the center of cooperative culture, art and tourism of western Ukraine. Therefore, the design of public spaces for children is the rethinking and reshaping of urban space that give the city opportunity to achieve major development for the third time in history a new way to make the city friendly and open to the world. Through the study of age 0 to 12 years' old children, the various characteristics and needs of each child's age are understood and are integrated with the environment of the city to create Children Friendly spaces. Distinctive parks are also linked with green belts which bring old and new part of the city together. Not only children can have friendly access to the parks but the urban cultural facilities are also linked together for better urban resources sharing to promote the development of the old city.

[Keywords]　Children spaces; City Renewal; Children Utopia

[文章编号]　2018-80-A-108

1.背景条件与现存问题
2.整体规划

一、引言

　　伊万诺·弗兰科夫斯克，位于西乌克兰的中心区，是一个从堡垒演变成的欧洲经典的单中心城市。都市中心是聚集区划的多功能区域。古老的居民区是保护项目，重要的行政机构、文化娱乐设施等都坐落在这里，由现有的景观、步行区、公共广场形成的公共空间相连接。

　　现存的中心城区内的公共空间，有着不同程度的使用，有些因节假日的安排而被过度使用，有些因地形的关系，空间不足，纯粹成为路过的中转区。缺少一种专门针对逗留儿童或亲子的设计，问题就特别暴露出来。因此加上公共服务方面的缺乏，没管理的儿童娱乐设施对象就开始出现：蹦床，自行车，电动车，这些都是忽视儿童和行人基本的安全规则的。这些领域是需要改进的，加入细节，加入感性和定性景观因素，才可以让城市设计有快速转型的可能。

　　我们通过城市的历史背景研究，找出其现存对儿童有善空间不足或不利的因素。并对于儿童的行为做了基本的研究，将不同的儿童活动配合城市历史及环境的植入其中，让儿童有善空间的串联，改善整体都市环境，使城市资源共享，开启都市的新纪元。

二、背景条件与现存问题

1. 城市的建立：形成堡垒，抵御土耳其的入侵

　　在1662年，伊万诺·弗兰科夫斯克城市的初始，为阻挡外敌入侵建立了著名的Stanislaviv堡垒。之后，为增强防御工事而将它扩大。同时让当地居民举办城市的政府通过Wójt（福格特）为首的经济目的，创建城市的市场，市议会发表他的声明由马格德堡的权利建立城市斯坦尼斯的和市法院。马格德堡权利也允许创建各种工匠的商店，独立的工匠行会，而且明定教义中最重要的是自由。

2. 城市向外扩张：战争后，丧失功能的堡垒被拆除，发展到现在历史保护区的规模

　　1677年是一个重要的贸易和制造业中心，从17世纪晚期到18世纪中叶。交易会定期举行货物交易本地生产皮革和毛皮制品。1809—1812年，防御工事开始拆除。

3. 交通枢纽的建立：1866年，随着工业时代的到来，建设的铁路是城市对外的主要，刺激城市高速发展，城市向西边沿铁路扩展蔓延

　　这些历史上的时期，城市的发展，都是以军事、

政治、经济为主导，对于将要发展观光城市，伊万诺·弗兰科夫斯克还面临很多城市问题。在城市的公共空间上，它们分布分散，缺少户外休闲活动空间、集散空间、休憩空间、安全停留空间；在交通上，多种流线混合、紧张的交通运输、缺乏停车空间；在城市活动方面，节庆活动及人流的空间需求、季节性及假日的自发性贸易（跳蚤市场）的空间需求；在设施方面，城市文化娱乐设施集中分布于老城区，并缺乏公共服务设施、绿地景观、垃圾回收区等。对于儿童，城市中欠缺亲子与儿童的活动交流空间，儿童的娱乐设施缺乏安全维护及管制，儿童的空间流线与其他人流混合，不能满足各年龄层儿童的活动需求。

三、儿童的友善空间

　　营造好的儿童公共空间，需要有一个健康有序的城市环境，我们对于儿童的行为做了基本的研究。再将不同的儿童活动配合城市历史及环境的植入其中。

1. 儿童的行为研究

　　儿童的年龄定义是0~12岁，他们每个年龄都有各自的特点。0~2岁，需要成人辅助活动，感知力

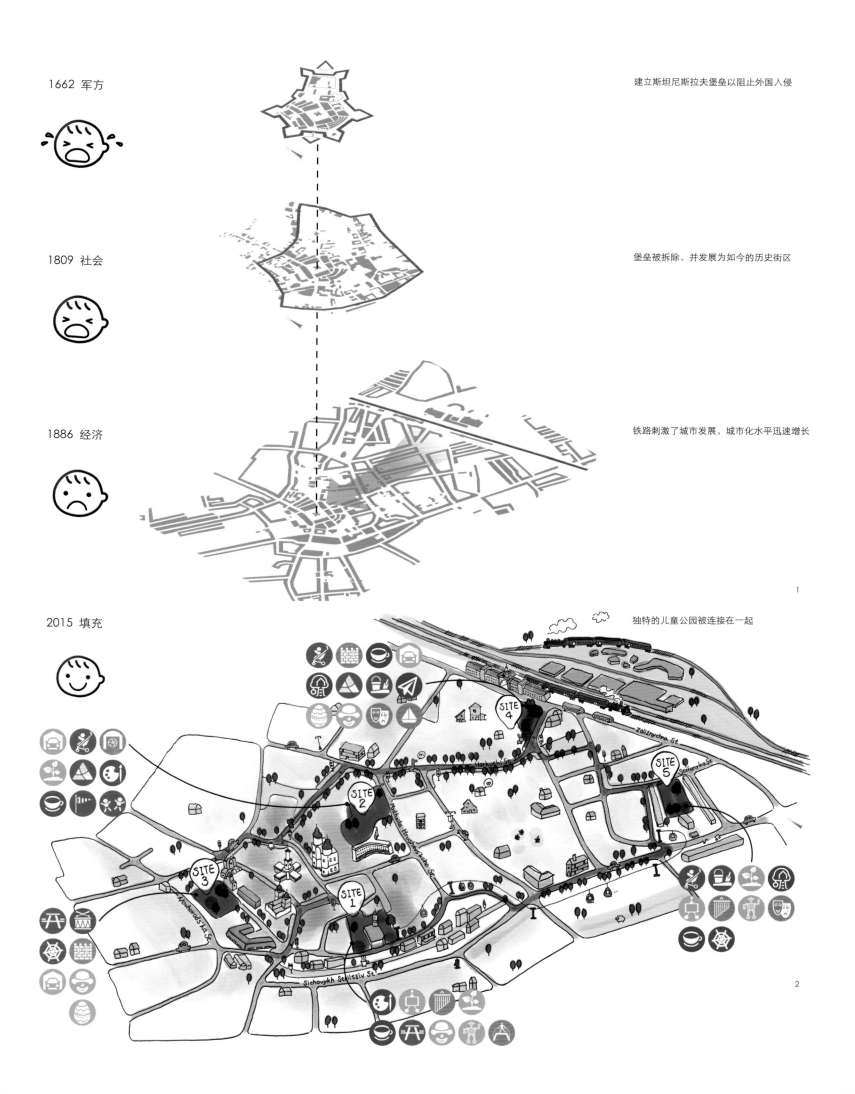

1662 军方　　　　　　　　　建立斯坦尼斯拉夫堡垒以阻止外国入侵

1809 社会　　　　　　　　　堡垒被拆除，并发展为如今的历史街区

1886 经济　　　　　　　　　铁路刺激了城市发展，城市化水平迅速增长

1

2015 填充　　　　　　　　　独特的儿童公园被连接在一起

2

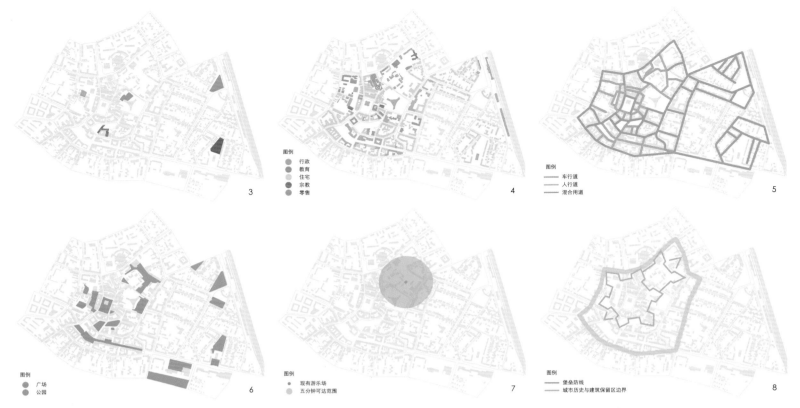

图例
■ 行政
■ 教育
■ 住宅
■ 宗教
■ 零售

3

图例
—— 车行道
—— 人行道
—— 混合用道

5

图例
● 广场
● 公园

6

图例
● 现有游乐场
○ 五分钟可达范围

7

图例
—— 堡垒防线
—— 城市历史与建筑保留区边界

8

表1　　　　　　　　　　　　　　儿童行为研究

比例	年龄组	动作与活动特征	活动时间	智力和益智能力	社会性	活动方式
35%	0~2岁	对外界有着极强的感知力，好奇心强 活动能力受限，激发思维为主；无法集中长时间的注意力；有一些精细动作；通过触觉、嗅觉、味觉和其他感觉感受周围的环境；初步的颜色和形状认知	夏季：10时前、16时后 冬季：9~15时	有一些简单的记忆能力；喜欢可以发出音乐和声响的事物；喜欢简单的故事、诗歌还有歌曲；对日常事物有求知欲	独自玩耍，独立游戏的倾向，喜欢模仿和简单的模拟	由家长看护；对设施依赖性不强
41%	3~5岁	认识到了性别之分，更熟练的行动能，喜欢模仿成人活动；精细动作变得比较协调；能够意识到并且重复一些模式和节奏，舞蹈和音乐受欢迎；模仿能力强	夏季：7~8时、5~6时 冬季：10时、15-18时	侧重分角色扮演和性别之分；具备逻辑思维能力，有简单的策略和思考能力；记忆力的发展 可以树立一定的规则；对涂写和词句感兴趣；自尊心的发展，可以分辨自己的观点和别人的观点和差别	喜欢和其他孩子玩耍，有时充满竞争性	在家长视线内产生安全感；设施使用量增大；自主游戏和简单的活动；会与其他孩子进行合作
	6~7岁	个体表达强烈，精细动作熟练自如，理解符号语言的能力非常强；幅度大的动作迅速发展，平衡性在发展；小的动作技巧进一步发展；喜欢挑战		喜欢说话，随着音乐唱歌；喜欢发现规律；能阅读篇幅较长的书籍；喜欢用明快的颜色制作图案	会与其他孩子进行合作；能进行集体讨论，可以进行集体活动；能提前做计划，时间观念更强；能与他人产生共鸣；对家长，老师外的角色有一定认知	
20%	8~12岁	空间思维能力开始发展，开始理解和积累一定的文化信息，喜欢冒险；手的肌肉开始增强，可以进行很精巧的游戏；手工艺品制作；开始变得不好动	上课：8~15时	阅读能力进一步发展；对自然界和规律理解得更加深刻；数学能力增加；能明白笑话和谜语，有了幽默的能力	胆大鲁莽，喜欢冒险；尊重他人空间和财产，也希望被尊重；理解他人的情感并作出适当的回应；很在乎友谊，两个人共同的游戏；具有幽默感，喜欢稀奇古怪的东西	不需要家长看护；男女孩游戏方式有差异；与同龄人学习和游戏；需要较大的场地活动和专门的设施

3.竞赛基地位置　　　7.现有游乐场位置
4.建筑使用现况　　　8.历史图
5.街道使用现况　　　9.儿童空间与环境融合
6.公共空间现有位置

强；3~5岁，在成人的看护下活动，喜欢模仿和体验；6~7岁，成人视线范围内自己活动，个体表达强烈；8~12岁，可独立活动，积累文化信息。因此，各年龄段的儿童有不同的行为特点和需求，透过与城市的周边环境区位结合，产生出多样的儿童友善空间。

2.儿童与当地都市活动

历史上角色的转换，让伊万诺·弗兰科夫斯克遗留许多不同时期构筑物，战时的城墙、堡垒、战壕、防空避难通道，政教中心的城堡、教堂、喷泉等。这些都是城市的资源。在分析儿童的行为后，可将这些与不同年龄的儿童活动结合，产生新的儿

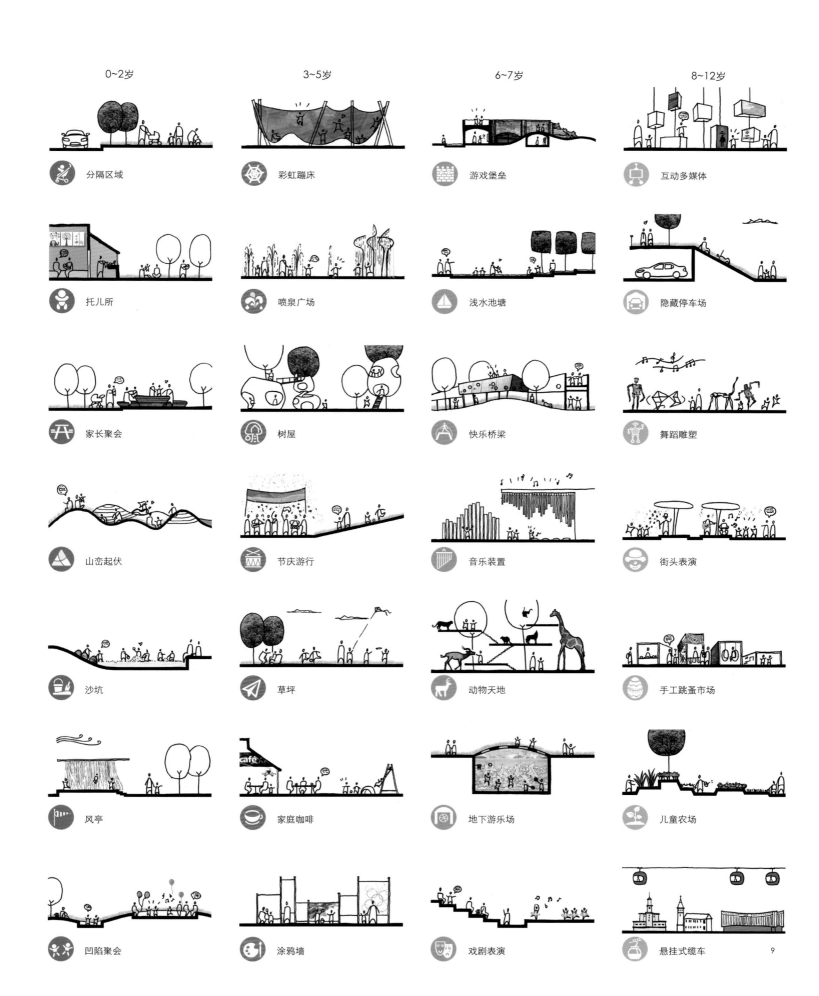

0~2岁	3~5岁	6~7岁	8~12岁
分隔区域	彩虹蹦床	游戏堡垒	互动多媒体
托儿所	喷泉广场	浅水池塘	隐藏停车场
家长聚会	树屋	快乐桥梁	舞蹈雕塑
山峦起伏	节庆游行	音乐装置	街头表演
沙坑	草坪	动物天地	手工跳蚤市场
风亭	家庭咖啡	地下游乐场	儿童农场
凹陷聚会	涂鸦墙	戏剧表演	悬挂式缆车

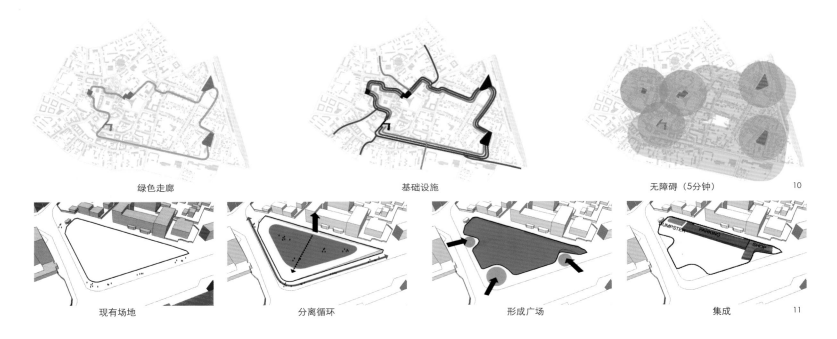

绿色走廊	基础设施	无障碍（5分钟）

10

现有场地	分离循环	形成广场	集成

11

童活动空间。

四、规划策略——旧城新世界

儿童"友善"空间不仅是对儿童的友善，也是对市民和城市的友善。即它是在舒适的距离儿童和市民可以安全并易于到达的，它可以满足不同年龄段的儿童不同目标的活动需求；它也与城市环境相融合并补足城市公共功能。

1. 串联城市的绿带，资源共享

我们将各具特色的公园以友善可达的方式连接，不仅儿童可以体验各个公园，还让新旧城区形成一个整体，把城市文化设施都串联起来，使得分散各处的城市资源得以共享，并能便捷到达。在改造城市成为儿童有善空间的同时，把预期的城市基础设施、综合管网一并置入，为未来智慧城市发展做准备。同时，这样的发展使得公共空间的服务范围不只是从公园而是从整个串联空间向外辐射，作为交通串联的城市空间也会被激活，从而促进了城市的发展。友善空间串联的模式的应用不仅限于目前五个基地，它可以应用于城市其他地块，进而串联起来形成网络。这种模式的蔓延，促进并激发城市发展，让伊万诺·弗兰科夫斯克的历史迈向新的阶段。

2. 城市入口公园设计

在五个基地，我们选择的基地位于伊万诺·弗兰科夫斯克交通枢纽的站前广场，火车站在历史上就是西乌克兰部的主要交通干线，2008年在原来规模上又新增

了许多城际及国际的公交车线路。基地因此承接了进入伊万诺·弗兰科夫斯克的城市入口扮演着城市客厅的角色，必须具有表演展示、休闲娱乐、聚集等候等功能。主办单位也提供了这地块基地上的现况及分析。

（1）S
混合大型社会活动区域和现有的住宅区；
现有园林绿化；
现有园林绿化；
毗邻火车站地区；
位于从城市中心到火车站的密集的人流交通。

（2）W
交通和步行交通高度活跃；
相邻建筑物大多是通过附近的街道进入；
区域内包括已形成的代表性休闲园林绿化；
使用这个地区的是不同人群；
缺乏由火车站控制的行人过路的设施；
在相邻区域存在自发贸易。

（3）O
为不同目的和不同年龄组的儿童创造休闲活动的空间；
创造全新的城市场地设计；
用固定或移动的儿童娱乐元素补充现有的功能空间；
创造积极的城市第一印象（儿童友好城）。

（4）T
没有创造足够安全的停留设施；
区域正在被不同种类的反社会群体使用；
吸引更多数量的居民到已经相当活跃的步行区；
在现有的公园分区活动区域和安静的休息区

失衡；
自发贸易区在广场区反复出现是发人深省的。
我们透过整理地形的高低，将沿着居民楼部分抬高，并用空桥连接。这样可以让附近居民的景观视野最大化，而且容易使用公园内部。而行人、游客则方便使用外周平缓的人行道，使居民休憩动线及城市游客动线分流。

沿着城市的界面，将公园局部凹陷，形成退缩的小广场。一方面可以作为表演聚会地方，等待聚会，一方面可以作为城市入口的展示，让初来乍到的游客一出站城市就感受到温暖友善的空间及城市历史文化。

而临近居民因生活所需的商业、垃圾收集，及停车空间，可以隐藏在公园的坡地下。并结合因城市更新所需要城市服务设施，及可持续性环境策略，如成为最佳城市景观。

参考文献

[1] Bastion History, http://www.bastion-if.com.ua/en/history

[2]朴永吉, 刘敏, 查玉国. 不同年龄段儿童游戏活动种类选择的差异性分析. Analysisof Different Choice for Children's Playing Environmental Types among Different AgeGroups. 2009.

作者简介

张朋千，美国伊利诺理工学院硕士，台湾成功大学建筑硕士，美国建筑师协会会员（AIA），能源及环境设计认证会员（LEED AP），张朋千建筑设计咨询（PENG ARCHITECTS）总设计师，前美国SOM事务所资深建筑师。

10.规划策略：与城市环境相融
合并补足城市公共功能
11.城市入口公园构想
12-14.城市入口公园设计效果图

1.建成后实景照片
2.总平面图
3.剖面图

伊斯坦布尔佐鲁公园
Istanbul Zorlu Park

CARVE团队
CARVE

[摘　要] 佐鲁公园是伊斯坦布尔最大的公园游乐场，该规划设计理念考虑现状被公园地势所分离而又密切相关的区域，明确期望塑造一个孩子们可以完全沉浸在自己所想象的世界，由此打造一个真正属于孩子的乐园。

[关键词] 公园；游戏元素；地势；游戏体验

[Abstract] Zorlu Park is the largest amusement park in Istanbul. The planning concept considers the area which is closely related to the park. It is clear that a child can be completely immersed in the world of their imagination to create a paradise that is truly a child.

[Keywords] Park; Play element; Topography of the park; Playing experience

[文章编号] 2018-80-A-114

　　2012年底的时候，WATG景观建筑设计公司伦敦分公司联系了CARVE团队，就是否有意向在伊斯坦布尔最大的游乐场这一设计方案上达成合作关系一事上征询CARVE团队的意见。

　　Carve团队是一个位于阿姆斯特丹的设计和工程工作室，工作室致力于欧亚范围内的公共空间特别是针对与孩子和年轻人的活动空间的设计与开发利用。Carve团队一直以来的主要动力是创造游戏和培养青少年能力的空间，因此，游乐场一定是公共空间不可分割的一部分。在过去的十七年里，Carve团队已经成长为从工业设计到景观设计等多个部门交叉融合的综合性团队。

　　根据我们对Carve团队以往项目经验的参考，我们选择Carve团队更多是因为需要在1 600m²的基地范围内，任其发展 "游乐场" 的开发设计理念。现有的设计理念是基于被公园地势所分离而又密切相关的区域，项目明确的期望是塑造一个充满探索和发现感觉的区域。为此，团队针对孩子专门设计了一系列的游戏元素，期望借助这些手段吸引孩子们进入游乐场玩耍嬉戏。

一、设计的出发点

　　Carve团队设计的出发点是我们想要孩子们可以完全沉浸到自己所想象的世界中去：在这里孩子们接受来自其他世界的形状、颜色和前所未有的游戏体验的刺激。它应该是一个远远就能够被看见的游乐场，然而又是一个属于自己的世界。由此设计了一个真正属于孩子的乐园，从概念到成果，从装置艺术到景观小品，所有的一切都是针对佐鲁公园本身而特地设计的。以此，佐鲁中心提供了一个独一无二的机会来创造难忘的游戏体验。

　　佐鲁公园由多个外观各异的区域组成，从入口的低、亮、艳，渐渐地，变成一个更冒险、更高、更自然的游戏环境。在这样的梯度范围内，操场被分隔为非常有自己特色的不同 "世界"。当父母坐在附近

的阳台或伸展的长凳上，孩子们可以安全
自由地探索整个操场世界。

二、缓丘设计

入口区是专门针对小孩子进行设
计，有可以攀爬的柔和的小山，孩子们可
以在其中自由地爬上、滑下，自由探索。
在这些小山上，变换各异的游戏器械为较
小的玩家们提供了众多的游戏元素，像蹦
床、纺锤、爬网、吊床等。小山的波浪形
状映射了与它相邻近的水上乐园的形状。
相应的照明元素则与木杆相结合。

三、深谷，吊桥和悬梯

向操场的中心移动，原本低缓的山
丘则变成了深谷。在这里，隐藏着一个
亟待探索的世界：一座桥，一个巨网结构
和一个巨大的家庭滑梯，他们都时刻准
备好同时被一大群孩子使用。这个区域
被一处可以保障孩子在公园活动安全的
地势所环抱，攀爬网和家庭滑梯是人们
的视线的焦点。远远看去，山谷的色彩
明亮鲜活，并且能够激发所有年龄儿童
的冒险性和探索性。

四、山脉布景

深谷被"山脉"所环抱，这一排排
的墙壁包含着无穷无尽的玩耍的可能性：
攀爬，跑跳，躲藏，滑行，爬行等嬉戏动
作，让孩子们似乎找到并潜入了有别于公
园其他区域的一个完全不同的世界。这一
面面远近高低各不同的墙垛连在一起就像
一个巨大的山脉，连绵起伏。在这里玩
耍就像一种冒险：迷宫般的隧道系统，滑
动的墙壁、"鸟巢"、瞭望台和窄巷。当
你置身山谷之间，有很多方法可以爬到顶
峰。从山谷景观上的能够把操场的两个部
分连接起来的巨大滑梯爬上山，在滑行的
几秒钟里，你就在公园的心脏上！

五、两座塔

而更为重要的是，操场上有两座可

以俯瞰整个操场的塔。他们在大小和能力水平上都是不同的，但又毫无疑问是同一个"家庭"的一分子。透明和不透明的路线提供了无尽的上升的可能！它们由大型的立方体堆叠而成，而构成这些立方体的又是木制的板条。坐落于公园制高点的三层楼高的塔楼包含着一座长长的滑道，而这些，只有爬上山脉才能够看得到。

那座长滑道有部分在潜藏在地下，其上覆盖这一座小山。仅仅分秒之间，孩子们就可以滑翔般地进入到公园的"心脏"部分。集成在塔内的"鸟巢"亦是山景的一部分，它们可以作为孩子们隐藏的瞭望塔；孩子们可以爬进去，在地面上盘旋。第二座4层高的塔楼同样是透明的，也蕴含着可以用来攀岩、隐藏和休闲的内部空间。

六、想象力和趣味的诱惑

佐鲁公园以规划的方式脱颖而出：在非常短的时间跨度内，完成了从项目设计、工程设计和建筑建造的全过程。由于多方的参与，Zorlu游乐场超过了所有人的期望；它比一个人穷极想象的颜色还要更加鲜艳、更加细密、更加富有挑战性。但最重要的是，它成功地融合了两个重要的设计主题。首先，它是一个孩子们完全可以沉浸其中想象、游戏的公园；其次，从外部看，尽管它的颜色和形状特立独行，但它却与周围的景观完美地融合了在一起。

项目详情

佐鲁中心，伊斯坦布尔

合作单位：WATG，伦敦（英国）

设计日期：2013—2014

完成日期：2014年5月

客户：佐鲁中心

地点：佐鲁中心，贝斯卡塔，伊斯坦布尔，土耳其

面积：1 600m²

4-8.建成后实景照片

丹麦普莱斯公园
The Pulse Park

CEBRA团队 Danjord团队
CEBRA Danjord

[摘　要] Kildebjerg Ry是非常受欢迎的家庭住宅区，主要因为周围美丽的乡村适合各种各样的户外活动。Kildebjerg Ry已经拥有一个运行良好的路径和轨道网络，社区希望扩大并进一步连接这个具有吸引力的休闲和体育设施系统，从而将整个地区联系在一起并支持Kildebjerg Ry的进一步发展。这个创造性的过程产生了普莱斯公园的三个区域：脉冲区，游戏区和禅宗区。

[关键词] 家庭住宅区；路径网络；公共空间；用户参与

[Abstract] Kildebjerg Ry is a very popular family residential area, because the beautiful countryside around is suitable for all kinds of outdoor activities. Kildebjerg Ry has a well - running path and track network, the community wants to expand and further connect the attractive leisure and sports facilities system to link the whole area, and support the further development of Kildebjerg Ry. This creative process has produced three areas of Pulse Park: pulse area, play area and Zen area.

[Keywords] Residential area for families; The network of paths; Public spaces; User involvement

[文章编号] 2018-80-A-118

1.plus zone设计平面图
2.play zone设计平面图
3.zen zone设计平面图
4.三处节点分布图

Kildebjerg Ry是丹麦中部Ry镇的一个开发区，形成了一个独特的住宅和商业区。 2 000名居民和1500~2 000工作场所。 该地区将知识型企业，住房，天然度假村和各种休闲活动相互靠近的中心相结合。 Kildebjerg Ry成为非常受欢迎的家庭住宅区，主要因为周围美丽的乡村适合各种各样的户外活动。

一、对新公共空间的需求

在丹麦，通过运动和锻炼促进健康生活方式的设施通常与公共城市空间分开，并位于体育馆内或旁边。 然而，最近的研究表明，丹麦人的锻炼习惯正在向更自我组织的运动和户外活动转变。 人们越来越需要个性化和灵活的休闲活动，这可以与职业生涯和家庭中繁忙的生活方式相结合。 由于大多数体育俱乐部的体育和休闲活动都是按照固定的时间表进行的，每周进行室内训练，因此希望在公共领域灵活使用替代性设施变得更为普遍。 对灵活性的需求也是基于希望能够在不同类型的活动之间切换并不断尝试新的活动。

为了满足这些不断变化的需求，CEBRA正在与新型公共空间合作，这些新型公共空间形成了吸引人的本质，并结合广泛的不同元素、活动和对比：城市空间和景观，高低层次的活动，商业和休闲，

有组织和无组织的活动，儿童、成人和老人，个人和社区，玩耍和健康。 公共城市空间中的这些活动区域作为社交聚集点具有社会影响，促进了休闲会议和城市生活，并进一步促进了该地区的生活质量和公共健康。

二、Pulse公园

Kildebjerg Ry已经拥有一个运行良好的路径和轨道网络，用于跑步和骑自行车以及不同的体育设施。 社区希望扩大并进一步连接这个具有吸引力的休闲和体育设施系统，从而将整个地区联系在一起并支持Kildebjerg Ry的进一步发展。 因此，CEBRA被要求设计Pulse Park，这是一个围绕一系列新公共空间组织的以路径网络为主题和经验的补充。

这些公共空间由三个可访问、包容性和创新活动区组成，每个区都针对不同类型的活动。 该项目的总体目标是为身体活动和游戏创造最佳条件，同时将三个区域设计为景观组成部分，该区域的额外休闲活动和住宅区本身。 Pulse Park的开发和设计基于用户参与过程，其中包括来自Kildebjerg Ry的居民，俱乐部和公司。 这意味着该项目反映了未来用户的愿望和需求，同时创造了一种让居民参与使用和照顾新设施的感觉。 这个创造性的过程产生了Pulse Park

的三个区域：脉冲区，游戏区和禅宗区。

三、Pulse 区域

Pulse区位于Kildebjerg Ry的东边，靠近高尔夫球场和繁忙主路下的规划隧道。 该区域在现有路径上形成一个文字凸起，因为它会提示水平移动，并主要针对跑步者、滑板运动员、BMX和山地车手，他们使用Kildebjerg Ry周围的路径和轨道网络进行锻炼。 脉冲区被山地自行车和BMX赛道包围。 其沥青表面以丘陵、凸起和碗的形式流入该区域的中心区域，这些区域适合障碍竞赛和艺术演习。 赛道包围着一系列赛跑者和骑自行车者的圆形碗。 这些碗也可以由跑步者使用，他们可以通过引力挑战自己作为替代训练伙伴。 中央放置的凸起由不同梯度的阶梯构成，作为脉冲训练的阶梯大师和休息区域的理想选择。 该区域包括几个难度级别，因此适用于所有年龄和技能水平。

四、游乐区

游乐区位于Ry体育大厅的设施和开阔景观之间的过渡处。 该区域邀请在有组织和自由式活动相关的不同功能的森林中进行游戏和体育锻炼。 这片森

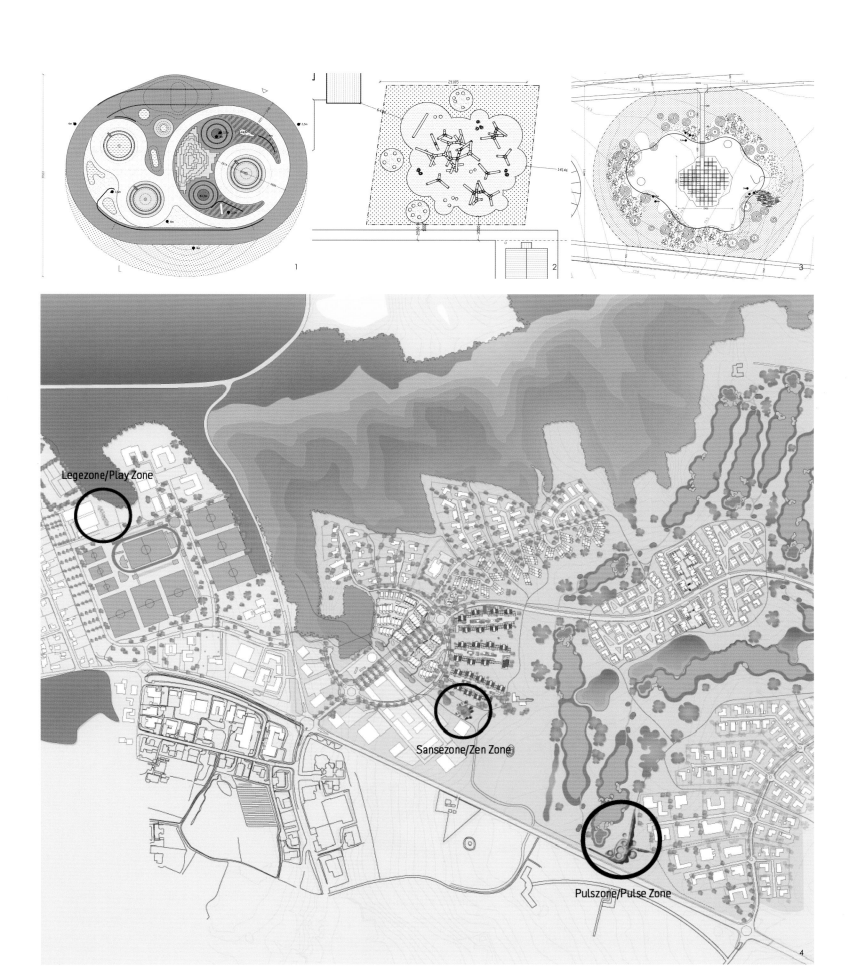

Legezone/Play Zone

Sansezone/Zen Zone

Pulszone/Pulse Zone

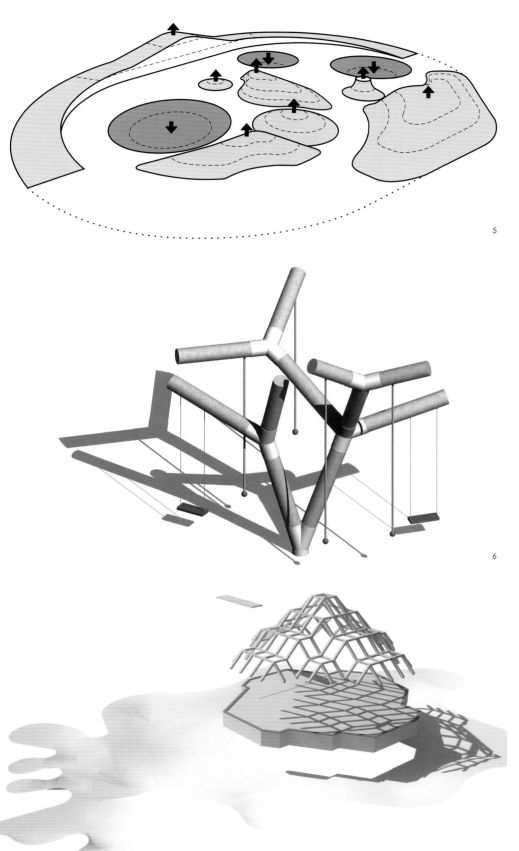

林由三个同心圆组成。 该中心主要用于玩耍，攀爬和锻炼。 中间圈适用于室外健身，并提供一系列原始版本的知名训练设备。 最外面的圈子由社交活动的娱乐区组成，并为会议、放松、野餐等等提供了接近火场的空间。 所有年龄段的人都可以在当地健身房旁边参观这片森林，以攀登，挥杆，跳跃，平衡或训练重量。 通过树木有几个连续的障碍课程，以不同的技能和强度水平挑战用户。

五、禅宗区

第三个区域补充了这两个活动区域，并提供了一个更加沉思的空间：禅宗区域全部关于放松和激活你所有的感官。该区位于Kildebjerg Ry建成区的两个"手指"之间，一侧即将到来的商业园区和另一侧的住宅区。该区域本身提供了一个绿色和安静的环境，部分在格子下被屏蔽，放置在一个小湖的人工岛上，支持其冥想目的和轻松的气氛。该岛的形状像一座网格结构的小山，为瑜伽，普拉提和冥想等活动创造了内部空间，并为商务会议提供了非正式的环境。在这个小僻静的绿洲中，所有的感官都会受到刺激。湖周围的每个主题都集中在其中一种感官上，而中央禅区则代表所有五种感官。不同类型的植物吸引不同的感官，种植在湖泊和岛屿结构周围，随着时间的推移，它们将形成一个感官花园，在您穿过该区域时改变感官知觉。

项目详情

地点：Ry，丹麦

客户：Kildebjerg Ry

项目规模：2.235㎡

年份：2011—2012

状态：已完成

建筑师：CEBRA

结构：Danjord

摄影学分：Mikkel Frost | CEBRA

5

6

7

5.plus zone地形示意图
6.play zone模型效果图
7.zen zone模型效果图
8-9.plus zone建成后实景照片
10-11.play zone建成后实景照片
12-13.zen zone建成后实景照片

1.矿山顶实景照片
2-3.矿山卫星图

冒险山矿山景观设计
Play Landscape be-MINE, Beringen

Omgeving团队　CARVE团队
Omgeving CARVE

[摘　要]　"冒险山"是休闲旅游项目旨在给位于伯瑞根的佛兰德斯工业考古遗址的巨大煤矿工地一些自由呼吸的可能，以及一种新的生活方式的赋予。项目强调基地"矿山"的高度和它本身工业遗产的身份这两项要素，在这里，植根于过去和未来的采矿活动，已经被赋予了全新的意义，使它的历史可以通过一种别开生面的有趣方式展现给人们，给人们带来生动的观览和游戏体验。

[关键词]　工业遗产，采矿活动体验，童趣，游乐景观

[Abstract]　"Adventure mountain" is a leisure tourism project aimed at the possibility of free breathing and a new way of life given to the huge coal mining site at the Flemish industrial archaeological site in boragagan. The project emphasizes the two elements of the height of the base "mine" and the identity of its own industrial heritage. The mining activities rooted in the past and the future have been given a new meaning, so the history can be shown to people through an interesting way, it also gives people vivid sightseeing and games experience.

[Keywords]　Industrial heritage; Mining activities; Childish; Play landscape

[文章编号]　2018-80-A-122

2015年1月，CARVE团队、Omgeving团队（设计团队）和Krinkels团队（承包商）以"在伯瑞根的'堆场'上冒险的游戏乐土和地标"这一项目赢得了在比利时举办的国际设计竞赛。

"冒险山"是休闲旅游项目be-MINE的一部分，该项目旨在给位于伯瑞根的佛兰德斯工业考古遗址的巨大煤矿工地一些自由呼吸的可能，以及一种新的生活方式的赋予。项目要求给这座前采矿城60m高的瓦砾矿山增加新的功能，并将旧工业建筑重新发展为文化活动富集的热闹的区域，以使它的历史可以通过一种别开生面的有趣方式展现给人们，给人们带来生动的观览和游戏体验。

基地"矿山"的高度和它本身工业遗产的身份这两项要素，构成了基地现在壮阔的规模，而相对于Limburgian-Flanders周边平坦的景观，"冒险山"的雄奇高伟便成了独一无二的风貌。大规模的人为干预手法铸就了"冒险山"现在里程碑一样的存在，而对于小尺度空间的把控和设计也赋予了

"冒险山"很高的娱乐性。在项目的设计过程中，基地极高的工业遗产价值一直是优先考虑的因素，而也由此引发了一个前所未有的主题——"游乐景观"。在这里，植根于过去和未来的采矿活动，已经被赋予了全新的意义。

设计由三个部分组成，这三个部分与山体本身和它过去的历史形成了一个奇妙的统一体：极地森林作为地标，在山侧的棱状柱界面的冒险娱乐活动，以及"堆场"顶部的煤炭主题方形广场。设计的总体效果是一个笔直的长台阶犹如脊柱般通向各个层级。夜晚的时候，一道沿着楼梯路径的光线使"堆场"的特殊地形显得愈发明显。

一、"杆状森林"作为煤矿挖掘过去的映像

"冒险山"游戏景观的地形了复现了原煤矿工地的内在结构，并通过"杆状森林"的手法提升该景

观的辨识度：堆场北部的侧翼从上到下锚定了1 600根木杆。圆柱状的木杆映射的是基地作为采矿井的曾经，在当年，他们被用来支撑千米纵深的地下矿井。

对于基地工业遗址的身份和大规模山丘的现状条件来说，"杆状森林"的做法不得不说是一个强烈的空间手法和干预手段，并且塑造了出其不意的精妙结果。

两根木杆之间的空间被用于一些冒险活动，如玩平衡木、爬网、吊床、迷宫和一条绳索路线等。一根根木杆被放置在一个网格中，这导致了一种有趣的透视效果：绵延壮阔的视线，创造了一种特殊的情感记忆，一直都在讲述着这个黑暗矿井沉重的过去。

二、棱镜状的游乐景观界面

设计在"杆状森林"之间楔了一个大的，多棱的形状的游戏景观界面，并将这个景观界面"悬挂"在了堆场的高度线上，远远望去，形成一个高辨

识的姿态。设计过程中，对于棱镜界面的处理是一个巨大的挑战，设计者采用不断解构整体界面、将其化整为零的处理手法，缩小了山脚到山顶的视觉距离。这种特殊的景观构造方式提供了一种无穷变换且有数种娱乐可能性的空间，并且在其间散射了爬行隧道、登山表面、爬山手柄和"巨型楼梯"等丰富的活动空间。方案引人注目的亮点是悬挂在半山腰上的超过20m长的滑道，它与周边混凝土制的棱镜状游戏界面形成了强烈对比。受地下采矿井的启发，棱镜状的表面由斜坡、水平和垂直交叉点组成，多样的棱镜表面像是不断地邀请孩子来攀爬、来滑行、来捉迷藏和发现。

综合"杆状森林"和棱镜游戏界面所蕴含的游戏元素，我们会发现他们有一个共同点：他们都挑战孩子的身体机能、让孩子们一起嬉戏，并在游戏中运用和发展他们的运动技巧。随着攀登高度的增加和"牧场"难度级别的增强（高度越高，困难越大），常常会给攀登的孩子们带来挫败的感觉，这时就要求大家在一起合作和相互不断的鼓励，直到他们登上"顶峰"。由此，孩子们在游戏中所经历的合作和相互激励在本质上实则是一种无形的参考，它再现了当年老矿工们的辛苦劳作，并且在这样艰苦且蕴含着危险的岁月里，他们曾毫无保留地相信着彼此。

三、煤矿广场

在60m高的地势的顶峰，设计师创造了一个"煤炭广场"，透过这个广场，矿山过去和现在的特征能够在此相互映现。"煤炭广场"的地势下沉，以此将"黑色黄金"的存在方式可视化。广场下沉的处理手法为人们提供了一个很好的躲避山顶劲风的去处。站在广场的中间，人们将不再看得见远方的地平线，取而代之的是，他们更多地被空中的云朵盈满双眼。煤矿广场的倾斜边缘可以用于座位供人休息，供人游憩的同时，这片黑色的土地展现了基地厚重的历史，和这个曾经无比辉煌的矿业奇观。到此游览的游客们可以在对其的岩堆上漫步，回首驻足间便可一览塔罗德的整个采矿景观。

"杆状森林""棱镜状游戏平台"和"煤矿广场"共同创造了一个独特的项目，他一方面是对Antea Group绘制的"冒险山"总体规划的一个独特的补充，另一方面，也是对基地从佛兰德斯最大的工业遗产走向一个旅游娱乐项目的身份转变的一个宝贵的贡献。冒险山于2016年9月9日欢庆开业。

（1）第一层：0~10m

在"矿山"的脚下，一个游戏区正是这具有挑战性的冒险登顶旅程的起点。第1层针对的是可能决定不去爬山的年幼的孩子和他们的父母。这一层的游戏表面很容易到达，并且内衬安全防护面。在吊床、平衡梁、迷宫等众多游戏元素之间，你也将发现"管"这种让人联想到旧时矿区常用的通讯方法的游戏元素。

（2）第二层：14~30m

为了营造攀登和体验相对高度的感受，设计者将第二层设计为棱镜状的、具有科技感的界面。这就创造了一个针对全年龄层的，邀请人们去探寻、去发现的景观构筑物。因为高度的不断增加也向人们的生理条件发出挑战，所以这一区域又被称作"通向卓越"的

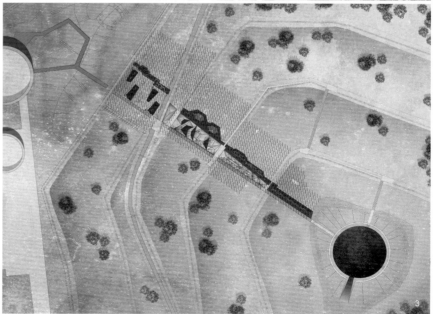

创意路线。在混凝土表皮的内侧，设计者还设置了一个短隧道系统，孩子们可以借助这个系统藏身，也把它当作特别的瞭望台。完整的隧道和攀爬的绳索创造衍生了无穷无尽的路线和"循环"。

（3）第三层：30~47m

第三层的特点是"巨大的楼梯"和20m长的滑梯。巨大的楼梯同时也创造了一系列游戏空间载体，而这样的游憩空间也是攀登过程中人身体所需的，毕竟楼梯本身使通向峰顶的旅程增加了许多。在棱镜游戏平台的表面嵌刻着一个滑道，而无论在尺寸还是速度层面，这个滑道都可以说是无与伦比的。

（4）第四层：47~60m

巨大的楼梯、杆状的森林中点缀着许多诸如绳索、网架等攀登元素，也是透过这些，孩子们可以继续通往顶峰的路途。

（5）煤炭广场：60m

为了到达顶峰，攀登者们已经经过了60m高度的陡峭路线。而峰顶上能够360°全方位欣赏这个工业遗产和矿业奇观的"煤矿广场"，就是对这些勇于挑战并付出努力、成功登顶的人们最好的报偿。

项目详情

设计团队Omgeving: Luc Wallays, Maarten Moers, PeterSwyngedauw, Ada Barbu, Tom Beyaert

设计团队CARVE: Elger Blitz, Mark van de Eng, Jasper vande Schaaf, Hannah Schubert, Johannes, Müller, ClémentGay

设计日期：2015年1月

完成日期：2016年9月

Avonturenberg总体规划：安泰集团

主承包商：Krinkels

分包商：Van Vliet BV, IJreka BV

占地面积：10 060m²（其中5 200m²绳索林，1 200m²棱柱游乐场面，1 200m²煤坊）

网站：www.omgeving.be

图片来源：Carve (Marleen Beek, Hannah Schubert) Benoit Meeus

4-8.建成后实景照片

1.建成后实景照片
2.游戏区设计图
3.俯视图
4.正面剖面图
5.侧面剖面图
6.总平面图

攀爬者奥斯特公园
Speelslinger Oosterpark

CARVE团队
CARVE

[摘　要]　奥斯特公园是阿姆斯特丹19世纪延伸到现代的时间纽带，也是市民心中第一个大型公共公园，从19世纪到21世纪，经过多轮形式思路的转变，对奥斯特公园的规划设计也提出不同意义的要求。在新的方案中，移除原本的私有财产部分，这样做使得奥斯特公园面积比原来扩大了一倍，也自然而然地融入古老的建筑和茵茵的绿草中。设计在充分考虑安全性同时，加入对不同年龄段儿童的游乐体验性的设计，公园成为一个有趣冒险的旅程。

[关键词]　融合；游戏花径；多维体验

[Abstract]　Oosterpark is a timing tie that extends from nineteenth Century to modern times in Amsterdam, and it is also the first large public park in the hearts of the citizens. From nineteenth Century to twenty-first Century, through the change of multi wheel form of thought, the design of the park is also required for different meanings. In the new scheme, the original private property was removed, which made the park double the size of the original, and it is naturally merged into the old buildings and the green grass. The design takes full consideration of safety and adds experience of amusement design to different age groups of children to make the park an interesting adventure journey.

[Keywords]　Integration; Play Garland; Multiple experience

[文章编号]　2018-80-A-126

　　建于1891年的奥斯特公园可谓是阿姆斯特丹19世纪延伸到现代的时间纽带，也是市民当局意识中的第一个大型公共公园。景观设计师伦纳德·施普林格设计了一个绿树成荫、动线蜿蜒、带有巨大水池的典型英式景观风格的城市公园。传统意义上，对于像是奥斯特公园这类英国皇家热带地区的设计上，大学建筑、热带博物馆等这类具有纪念意义的公共建筑通常处于北部区域，且背对与公园设置。

　　自2011年以来，政府正计划对这些建筑整合进入公园。这也是19世纪最初的计划，但这个规划也由于预算限制而未曾实现。现在，从公园的视角观看，那些具有纪念意义的宏伟建筑被地形上的栅栏和起伏的地势遮蔽了。由圣恩公司新设计的奥斯特公园方案，则使公园的边界可以扩散到周围的建筑中去。在新的方案中，栅栏将被移除，原本的私有财产部分将被加入公园的公共空间中。这样做使得奥斯特公园面积比原来扩大了双倍，也自然而然地融入到了古老的建筑和茵茵的绿草中去。

　　除了物理意义上的延伸扩展之外，现在的公园实现了自我更新和升级。为了提升现有结构，设计者在其中置入了新的路网结构，而这种做法同时也扩大了现有水体。此外，新植入的功能和现有的公共活动功能使得公园的整体更趋完善，新的设计同由斯普林格设计的现有公园实现了期待的和谐共生。

　　新植入的元素当中的一个叫作"游戏花径——加兰"，它位于公园西北角，一所从前露天学校的前面，这里曾经是一片没有任何功能的空旷草坪。这个88m长的"游戏花径"将一个带有上升、下降和转弯的多变线形空间转变成为一个有趣冒险的旅程，长廊用它独特的气质创造了一个奇妙的内在世界。加兰的精致优雅的特点给游乐空间增添了一个新的维度。

　　为了确保树冠和树根尽可能不受干扰，这些参天的树木定义了加兰的位置和形状。这些参数设置还有另一个好处：在城市中，几乎总是使用人工安全堆焊，而在这种情况下，则采用的是自然的安全堆焊。用于游戏的沙子是无穷无尽的材料，这些沙子将基地变成一个天然的乐园，而有了遮蔽物的存在，这些美妙的沙子不致被风吹得四散飞扬。树根的脆弱要求构筑物尽可能保持轻的重量，这也是加兰花径如此轻盈

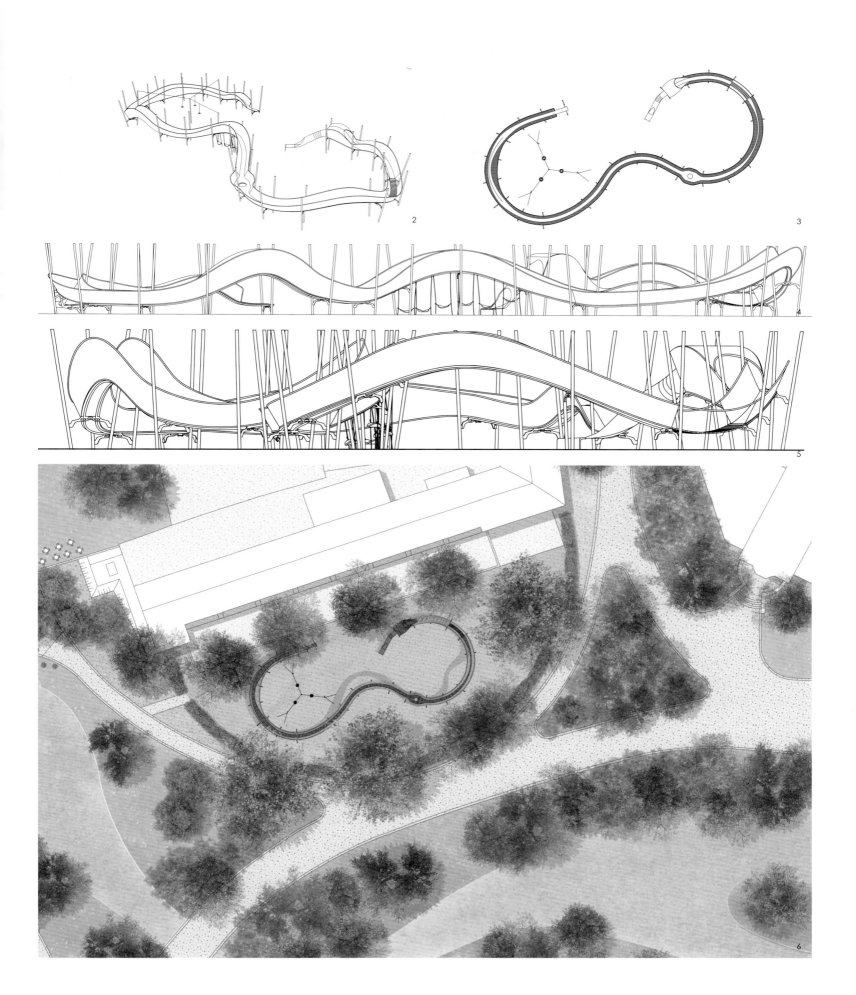

2

3

4

5

6

的原因，它只有在个别的点上真正落到地面上。

加兰花径的简单性邀请人们来奔跑、攀爬和滑行。由于加兰花径在空中几个点有相当大程度的提升、以及弯曲的岸线，这些对于4~8岁的孩子是个尤其大的挑战。此外，加兰花径的具有非常高的娱乐性：在繁华的日子里，常常有超过100个孩子同时在加兰花径这里玩要嬉戏。花环是非常高的，在一个忙碌的日子里，有一百多个孩子。对于不同年龄、拥有不同运动能力的孩子，他们用加兰花径的方式繁多。在陡峭的部分，花径也是一个滑道，而在花径的另一端，它又变成了管状的滑道。在弓形区域的下面，设置了吊床，而在其花径的另一端，又被两个不同的层级所分离。在基地的入口空间，花径向上升起，形成一个拱门，从这个奇妙的视角中，孩子们可以看见公园的内部空间。花径蜿蜒的动势不断地创造着变换的视角，它刺激这上下、内外空间的不停互动。

花径给人主要的感受应该是尽可能地五彩斑斓。这个设计试图将双重思想统一起来。花径的主体结构被涂上与所有新的公园元素相同的无烟煤黑色。作为一出妙笔，设计设添加了两条渐变的彩色线。以这种方式，活动空间常常出现的"颜色爆炸"情况就被压缩到了一个长的连续的线条上，如此看来，加兰花径看起来只是公园的一抹靓丽的色彩，而不是喧宾夺主的存在。

项目详情

Design: 2012-2015

Completion: February 2016

Client: Municipality of Amsterdam

Location: Amsterdam-East, NL

Area: 88 meter long garland

Carve team: Elger Blitz, Thomas Tiel Groenestege, Lucas Beukers, Jasper van der Schaaf, Thijs van der Zouwen, Mark van der Eng, Marleen Beek

In collaboration with: Buro Sant en Co landschapsarchitecten

Photocredits: Carve (Marleen Beek), Carve (Jasper van der Schaaf)

7-10.建成后实景照片